北京高等学校“青年英才计划”项目（YETP0744）
中央高校基本科研业务费专项资金（YX2015-17）

Urban Landscape Inspired by Systematic View of Nature

系统自然观释义的城市公共园林

CUI Liu
崔 柳 著

中国建筑工业出版社

图书在版编目（CIP）数据

系统自然观释义的城市公共园林／崔柳著．—北京：中国建筑工业出版社，2016.10
ISBN 978-7-112-19729-3

Ⅰ．①系… Ⅱ．①崔… Ⅲ．①城市－园林设计 Ⅳ．①TU986.2

中国版本图书馆CIP数据核字（2016）第201063号

责任编辑：张　明
责任校对：王宇枢　党　蕾

系统自然观释义的城市公共园林
崔柳　著
*
中国建筑工业出版社出版、发行（北京海淀三里河路9号）
各地新华书店、建筑书店经销
北京锋尚制版有限公司制版
北京云浩印刷有限责任公司印刷
*
开本：787×1092毫米　1/16　印张：10½　字数：190千字
2016年12月第一版　2016年12月第一次印刷
定价：38.00元
ISBN 978－7－112－19729－3
（29169）

自序

城市公共园林（Urban Public Parks And Gardens）是伴随着19世纪末，20世纪初西方国家的工业城市扩张而出现的一种园林形制。它的出现是人类面对城市环境恶化后的一种自发行为——用以平衡都市空间。也就是在这一时期自然科学技术迅猛发展，马克思、恩格斯以此为基础建立了唯物主义的辩证自然观，在思维上引导了人与自然和谐发展的哲学革命，确立了现代自然哲学的研究内涵。进入20世纪以来，伴随着自然科学进程的不断加快，尤以相对论、量子力学、分子生物学以及系统论、控制论、信息论等现代自然科学理论的产生，深入地揭示了自然界的本质及其运行规律，认为“系统”是总的自然界模型。因此自然哲学在以马克思所提出的辩证唯物主义哲学基础上，形成了当代以研究自然所呈现它表现的行为规律背后原因探究为目的的辩证唯物主义系统哲学，该类自然哲学下的自然观称为辩证唯物主义系统自然观。

任何一个学科的发展，如果没有哲学理论的支撑，都很难走向深刻，对于风景园林学科亦是如此。时至今日，风景园林的设计外延不断增设，其学科概念也在不断分化。借助自然哲学来解读，其目的在于给予我们认知该学科一重支点。“系统是世界的总体模型”在自然科学界已经化为不争的事实，系统也是我们理解这个世界的总体方法。风景园林的学科属性要求它无法凌驾在自然认知之上，不论从物质，还是到精神，自然要素构筑了风景园林的全部内容。城市公共园林作为风景园林体系内最为复杂的一类分支，它与天然自然、人工自然和人工环境以及人类活动息息相关。物理层面分析它是一个复合体，以自然要素为本，容纳城市以及人类活动，在时空维度承担自然演化的动态过程。但也是在这个尺度下，城市公共园林展现出极端的系统复合性。认知一个动态复合体，我们是无法从其构成要素来探知的，因为它们的存在性不在于它们是由何组成，而是组成物之间的协作关系为何。

本书就是在探索这样一个问题：风景园林的认知过程，由其自然构成物所起，但是发展至今天，设计者要探求的是自然构成物是如何协同运作成系统，同时其背后的规律为何？作为设计执行者，我们该如何思考？然而这是一个巨大的命题，也是一个较为复杂的思考体系，作者愿意以此作为思考的新起点予自己，予读者。书中难免有疏失之处，望涵容指正。

目录
Contents

6 城市公共园林设计的内部语汇：整体性园林空间的多元表达

7 设计逻辑——与城市、自然发展的动态平衡

8 结语

1 自然的学科释义

任何一个概念都会染上时代的痕迹，特别是那些与时代所属的、由之支配着本质框架相关的概念，更是无可奈何地处在特定眼光的透视之中。我们的概念受着我们时代的支配，“自然”概念的命运也是如此。不同时代的人们对自然的解释框架不同，对自然概念的理解也不相同[1]。

对于“自然”的概念，回顾历史，它一直是人类文明追随的中心。但自然的概念所涉及的层面极其复杂，难以明确界定，虽然数经两千多年的哲学探索，现今仍旧莫衷一是，众说纷纭。自然界本身经历着一个漫长而复杂的演进过程，在人类文明出现以前，就已经有了时间上超于自然概念的自然实体。人类对于自然的认识也是一个深入演进的过程。尤其到了近代工业革命以后，人类对于自然概念的定义与理解变得更加深入与繁杂。伴随着当代科学技术的激猛发展，学科种类增多，“自然”也有着不同学科范畴内的释义，概念的内容也伴随着学科的发展而发生变化。

1.1 自然概念于三大类型科学的内涵与外延

科学是运用范畴、定理、定律等形式反映现实世界各种现象本质和规律的知识体系，是社会意识形态之一。人类根据对世界的认识，分为主观与客观两大类。主观世界指人的思想观念，属于精神世界；客观世界指物质世界，它又可以分为自然界和人类社会。这样，整个世界就由两部分构成：自然界、人类社会和人的思想观念。由此按照研究对象的不同，便产生了与之相对应的科学知识：自然科学（natural science）、社会科学（social science）人文科学（人文学）（humanities），以及贯穿该三个领域的哲学和数学。

1.1.1 自然科学中的“自然”

自然科学以自然客体为研究对象，面对的是人类生存的自然界。由

1 武讳. 马克思的自然概念研究. 郑州：河南大学硕士学位论文，2008：3.

于自然界现象的出现是客观的，是不以人的主观意志为转移的，因此，自然科学不是对自然界现象的认识，而是在揭示自然界现象背后的原因，建立一套对自然现象合乎逻辑性的解释。从认识论上讲：人类对客观世界现象的认识属于感性知识，或叫作经验，对现象背后原因的认识才属于理性知识或叫作理论。自然科学理论作为理性知识，本质上是人类对自然现象规律的解释体系。

自然科学是人类对自然界事物本质、规律的反映，目的是为了准确地解读它们，并预见新的现象和过程，为在社会实践中合理而有目的地利用自然界的规律开辟各种可能的途径。一般来讲，自然科学包括：天文学、生物学、自然地理学、地质学、化学、地球科学、生态学、物理学、农学、力学、心理学、控制论、数学学科。不同的学科研究的核心内容就是该类型学科下的客观规律。

天文学（Astronomy）是研究宇宙空间天体、宇宙的结构和发展的学科，其研究内容包括天体的构造、性质和运行规律等，主要通过观测天体发射到地球的辐射，发现并测量它们的位置，探索它们的运动规律，研究它们的物理性质、化学组成、内部结构、能量来源及其演化规律。

生物学（Biology）是研究生命现象和生物活动规律的科学，其研究分为种类、结构、发育和起源进化及生物与周围环境关系的学科。根据研究对象的不同，可分为动物学、植物学、微生物学等。

生态学（Ecology）最早由德国生物学家恩斯特·海克尔（Ernst Heinrich Philipp August Haeckel）于1869年定义的一个概念：生态学是研究生物有机体与其周围环境（包括非生物环境和生物环境）相互关系的科学。

控制论（Control Theory）是研究动物（包括人类）和机器内部的控制与通信的一般规律的学科，着重于研究过程中的数学关系。

……

由上可见，自然科学的专业分支是为了揭示其专业内部，不同自然事物的本质与规律。而对其过程的探索主要建立在两个方面：一个是试验，一个是数学，或称逻辑。

自然科学强调事物的理论逻辑性，体现出来的是一系列概念、定律、定理、公式、原理之间严密的逻辑结构。这种客观性的规律不以人的主观意志和社会制度而转移。此外，自然科学作为人类认知自然界的一种客观原理，它具备应用的普遍性，自然科学研究的目的是成为人类更有效地改造和利用自然界的行动指南，为人类更好地适应自然环境而服务。

因此，在自然科学中“自然”的概念应该是指作为研究对象的客观自然界。这种自然客体是一种物态性的实体存在，客观实在性、可重复显现性和历史发展性是它的根本属性。对于研究的范畴则可以概括为对自然现象的客观规律的探索，因此自然科学的客观性决定了它是一门不受任何人为因素影响的科学，而它的研究目的是为人类正确地认知自然而服务，从对于认识主体“人”来看，自然科学更具“工具”的使用性质。

1.1.2 社会科学中的“自然”

社会科学的定义本身就是一个多解的学术概念。它通常是指研究社会现象及其规律的科学，一般包含经济、政治、法律、社会学等学科的庞大知识体系。社会科学研究的对象是人类社会，不同民族及文化背景下成长起来的人具有迥异的思想意识、行为目的和价值观。这些差异化的人们建构起不同性质的社会体制、组织和团体。这样的个性便决定了社会的个性、特殊性以及差异性，因此对于社会科学的认知概念也会有所不同。

《不列颠百科全书（国际中文版）》中对“社会科学（social science）”做出定义：社会科学研究的客体是人类在社会和文化方面的行为，包括经济学、政治学、社会学、社会和文化人类学、社会心理学、社会和经济地理学；也包括教育的有关领域，即研究学习的社会环境以及学校与社会秩序之间的关系[1]。《中国百科全书大辞典》中“社会科学”的定义为：把人类社会及其发展规律作为研究对象的认识活动及其成果的总和[2]。由此可见在中国和西方国家对于“社会科学”的定义有所不同。首先，在中国强调社会科学的认知性，包括认知的过程与结果，体现了社会科学的本质。其次是确定社会科学的整体性，认为它是一种集合。第三是不仅把人类社会作为社会科学研究对象，而将人类社会的发展规律也作为认识的对象，表明了社会科学的研究目的不仅仅在于认识社会，更重要的是总结人类社会发展的规律。所以说该定义

1 不列颠百科全书（国际中文版）（第15卷）. 北京：中国大百科全书出版社，1999.

2 中国百科大辞典（第6卷）. 北京：中国大百科全书出版社，1999.

包含着对社会科学的本质、研究对象、研究目的以及功能四个方面的统一。

当然，人类作为统一性质的客体也具共性，而这种人类意识的共性决定了其社会科学一定程度上的必然性与普遍性。这种共性和特性共存的社会现象，使社会科学与自然科学现象有着本质的差异，社会现象只有统计学上的意义，它往往通过大量一次性、不可重复的事件表现出统计学的规律性，即历史发展的趋向性，而自然现象具有完全的必然性，没有例外。社会现象无法统一，所以它不具备自然科学那样的判断正误的有效“标准”。社会科学也不可能形成自然科学那样的大家公认的、权威的标准理论。此外，由于人类社会的动态发展特征，使得社会科学理论有着时代性与文化性。社会科学理论会随着社会的发展、社会形态的变革而发展转变，同时期的社会科学理论也会由于不同文明、不同民族、不同国家的社会性质与社会状况使得理论的适用范围受限，体现出背景文化的多元性。社会科学的另一特点就是检验的复杂性。由于社会现象只有统计学上的意义，而且社会现象没有自然现象的那种完全重复性，更不能像自然科学那样进行实验，因此如何对社会科学理论进行检验和评价就显得非常困难与复杂。第一，任何社会科学理论都无法完全一致地、毫无例外地解释所有的社会现象；第二，任何社会科学理论对于研究的社会现象的解释都需要有预设假定的前提，而这种假定的前提在很大程度上取决于理论创立者的思想，而不是公理或客观事实；第三，社会科学理论中概念的内涵和外延通常都没有像自然科学那样经过严格定义，因而不同的人会对它们产生不同的理解。由于社会科学缺乏自然科学那种严格的检验标准，因而人们很难对社会科学进行严格检验，所以社会科学通常很少存在大家公认的标准理论。

社会科学作为以研究人类社会为对象的科学，正好与自然科学相对应补充。因此，社会科学没有任何以自然为直接研究对象的学科，但这并非意味着与“自然”毫无关联。由于人生活的客观环境是以“自然”为实体，因此自然环境的转变势必会影响到人类社会，那么，反映在社会科学研究层面的自然更准确地概括说应该是“人与自然的关系”。社会科学的有关学者把社会科学的研究对象归纳有三：人本身的行为；人与人之间的关系；人与其生存环境（自然）之间的关系。

事实上，社会科学作为一个独立的学科体系产生于19世纪，是近代社会结构化的产物，是适应大工业生产、城市扩张等大规模社会结构的管理需要而产生的。初期阶段，它把近代以来产生的结构化的或大规模的社会组织、社会群体、社会关系作为研究对象。也是在这一时期，马克思提出了辩证唯物主义自然观，其核心思想就是“人与自然的辩证关系”。马克思的自然观克服了传统自然观在认识上人与自然关系上的缺陷，打破了传统的主客二分的思维方式，在主客统一的实践思维基础上论证了人与自然的相互依赖关系、对象性存在关系、物质变换关系[1]和再生产关系[2]。马克思的自然观从人类生存发展的角度论述了人与自然的价值关系，肯定了人的实践方式的合理与否直接导致自然界对人类生存发展的正负价值，特别强调人与自然和谐关系对人类生存发展的意义。

因此，在社会科学层面探讨的“自然”是人与自然环境的关系为何。在研究客体的客观性上，是介于自然客体与人文客体之间的中间层次，它具有自然和人文的双重属性。社会科学中的自然是以自然发展的客观规律为基础，进而研究人与自然的相处原则，特别是对于自然环境日益恶化的今天，人与自然的共生发展已经成为当代社会科学中自然研究的主要议题之一。

1.1.3 人文科学中的“自然”

人文科学有广义和狭义之分，《辞海》中的解释是：“人文科学源出拉丁文Humanities，意即人性、教养。欧洲15、16世纪时开始使用这一名词。原指同人类利益有关的学问，以别于在中世纪占统治地位的神学。后含义几经改变，狭义上是指拉丁文、希腊文、古典文学的研究；广义一般指对社会现象和文化艺术的研究，包括哲学、经济学、政治学、史学、法学、文艺学、伦理学、语言学等。”显然，按照《辞海》的解释，广义的人文科学实际就是指人文科学和社会科学的总和。然而，尽管人文科学和社会科学都涉及人和人的主观意志，但它们在研究对象、研究目的、研究内容、研究方法等方面都存在本质差异。人文科学关注的中心或其研究的对象主要是人自身，是关于人的精神、文化、价值、观念的问题。人文科学的价值不在于提供物质财富或实用工具与技术，而是为人类构建一个意义的世界、一个精神的家园，使人类的心灵有所安顿，有所归属。

《不列颠百科全书》对人文科学的释义为：“人类涉及其自身及人类

---

1 物质变换关系是指人与自然的物质变换关系，是马克思在他的《资本论》中提出的。马克思通过对资本主义经济关系的分析，揭示出资本主义条件下人与自然物质变换的特殊表现，在借鉴生物学家摩莱肖特的物质交换的基础上，论证了人与自然之间持续的物质、能量和信息交换的辩证关系。

2 再生产关系是指人与自然之间保持的连续不断的交互作用，即人与自然之间持续的物质、能量、信息变换的循环往复的过程。具体地讲，就是指人类通过实践活动使自在自然不断向人化自然转化，人自身也不断得到提升和解放的生产过程。

文化或者对人类价值评价的分析方法以及人类独特性精神自我表述的解析与评论方法的学科。作为教育规范的整体，人文科学是在（研究）内容与方法区分物理学与生物学等学科，与社会科学相近。人文科学包括所有语言学、文学、艺术、历史和哲学。”

由此可见，人文科学的研究内容有着强烈的主观性与文化性。人文科学的内容本源是来自客观事实，但是它是经过人类思维创造与想象摹画的主观意识的反映。而这种主观的创造又受到创造主体——人的不同文化背景和文化模式的影响。人们在不同文化条件下所创造的文学、语言、艺术、伦理道德甚或宗教等，都会有着其相应的文化特色。人文科学就是基于现实的物质世界和客观既存的事实的创造，但它不是对世界既存状态之“如何”的客观说明，而更多地是以其特有的理想、情感、价值尺度来对外部世界之“应该如何”的主体构建。对于“应该如何”的构建便直接导致了人文科学的比较评价的模糊性与不可能性。人文科学是思维的自由创造，更多关注的是人的情感、心性、审美、理想等问题，因而具有更多的意外性、独特性、复杂性和多变性，其研究过程和研究结果也渗入了人文研究者自己的观念、情感。因此自然科学与社会科学的实验或经验的检验方法都无法使用，人文科学的成果不具有自然科学或社会科学成果那样的可操作性和实用性。不同类型文化模式之间由于不存在约定俗成的标准，它们之间的比较和评价就几乎成为不可能。本尼迪克特（Ruth Benedict）等文化人类学家之所以坚持文化相对主义，其主要原因也在于此。

人文科学是属于人类抽象思维的科学，它处于人类生存文明的高级阶段，它的存在意义是为了引导人、陶冶人和改造人。尤其在时下人类文明快速发展的时代，当代的人文科学的研究目的是为了与自然科学、社会科学相统合。当代的人文科学的理论性以及形上的超越性并不是回避实践的结果，恰恰相反，是对于实践深入反省的结果。人文科学的基础性，也并不是高居于实践活动、凌驾于社会科学以及自然科学之上的结果，而是渗透于社会科学以及自然科学之深层结构的平台，同时以一种特有的文化方式参与了实践以及相关知识学科的进化，这种渗透与参与，特别明显地表现在保护、发掘、变革并重构文化传统，弘扬人文精神的历史传承功能。可以结论性地说，人文科学是以“营养基”的形式影响着整个科学体系与社会结构，它的繁荣总是意味着某种稳定的精神品质与教养，它呈现出深厚的历史积淀，并以此来激活人类源源不竭的创造性与想象力。

让·皮亚杰（Jean Piaget，1896—1980）评论说道：“人文科学就是要在一切领域提供越来越重要的应用，但这是以发展基础研究、不事先以功利标准的名义去加以限制为条件。因为在初始时看起来最无用的东西也许是最富有意想不到的后果的东西。[1]”人文科学是对价值和观念领域里的问题进行反思，因此人文科学研究领域中“自然”则强调人对自然的态度，即“自然观”的表达。在这一点上似乎有着与社会科学概念的重叠，但在人文科学中，“自然”的概念则呈现出更为复杂的人本主义内涵（也就是说其理论的多元性与无法验证性）。人文科学中更为强调自然的“价值性”以及人本的情感表达，从而给人以影响。它从伦理的层面对自然科学以及社会科学进行影响，甚或说约束。因此，人文科学是以“营养基”的方式使得科学走向文明的高级阶段。正如黑格尔所说：“认知的目的在于除去客观世界的不可思议这一性质，而使我们在这客观世界里更为自由自在。[2]”

综合来说，自然科学、社会科学、人文科学作为人的科学活动的结构，作为人的思维创造构成了当代科学中人们对自然界与自身认识的总和。在三大类型学科研究下，“自然”有着各自的研究侧重，这三类研究内涵的综合构成了人们对自然认知的全部过程，同时也包括人类自身对自然的实践行为准则。风景园林这门学科最初是作为人类艺术活动的分支而进行的空间创造，美学是园林追求的核心主题，但是今天，园林的研究内涵早已突破人文科学的边界，转向自然环境的自我发展以及大众文化生活的人文关怀等方面的设计思考，它有着自然科学中自然生命进程规律的场地特性制约，以及不同社会背景条件下人们生活需求的使用功能制约。风景园林学科研究的域面增大。它意味着学科的复杂性增大，园林设计最终还是要落到自然场地的空间营造上，因此这些来自自然科学与社会科学的场地设计制约还需要职业的风景园林设计师进行专业的设计整合，平衡自然发展与社会需求的潜在场地的设计要素，最终以美的自然景观形式呈现在人们面前。所以说园林设计，特别是城市综合性的公共园林设计，它有着场地自然要素与社会人文要素不同方面的发展要求，设计中要考虑这些限制，并以场地空间的优化对其限制得以最大程度的协调，但这种协调仍旧是风景园林设计师以其专业的场地思考方式进行实践的，它有着很强的专业性。

1.1.4 哲学与科学的关系

哲学一词源于希腊文Philosophia，它是一个合成词，“philo-（爱）”加“-sophia（智慧）”，汉语中译为“哲学”，是因汉语中“哲”字含有聪明的意思。因此在词源学的意义上，人们往往试图从其中发现一

1　皮亚杰．人文科学认识论．北京：中央编译出版社，2002：75.
2　威廉·詹姆斯．多元的宇宙．北京：商务印书馆，1999：49.

些印证“哲学—科学”关系的痕迹。古代哲学中这种关于世界本源的思考很难划分哲学和科学的区别，独立意义的科学概念甚至还没有生成。我们时下的描述，都是基于近代以后，科学逐渐形成独立形态，并开始能够与哲学、艺术、神话等形式之间相互审视之后的理解。而在古希腊“sophia”的含义除了“智慧”“智者”之外，还包括以下的五种解释：①在技艺和占卜、预言方面的特殊才能；②在诗歌、绘画、戏剧、雕刻等文学艺术方面的才能；③医疗技术；④治理城邦的技艺；⑤学习和研究方面的智慧[1]。事实上，现代“哲学”的含义也并非延续着古希腊文中“爱智慧”的含义，而是转向了另一条发展的道路。科学一词“science”来源于拉丁语的“scientia”。在近代以前，它意思是指揭示一般真理和必然真理的逻辑证明的结论。“scientia”的使用领域很广，但在最初的时候，人们还是更多地把它与数学和几何学联系在一起。

哲学与科学的关系，在学术界一直存在着争议。学科研究的内涵与外延是伴随着社会的进步，时代的变迁而与之平行发展的，对于从事不同专业的学者而言，对其所专职的领域各执一方。但主流的学术观点则认为：哲学对科学形成指导；而科学对哲学呈现促进作用。哲学思维与科学思维都是理论思维，哲学的是一种反思性的理性思维，它是“以思想的本身为内容，力求思想自觉其为思想”[2]。哲学思维与科学思维比较，哲学是对事物存在意义形而上学的沉思，研究者在成为某种具体的专业活动主体以前就已经处在前概念、前逻辑的人与世界的原初关联中，而这就是哲学研究的内容。

本书对哲学与科学关系的探讨意在对“自然”概念的本质理解。哲学的核心问题就是对事物本源的探讨，因此本章从哲学中“自然”的本质概念出发，分析其中的客观内涵，提出符合时代发展需求的概念释义。只有对概念的正确理解，才会形成方法论上的行动指导。我们审视现今的风景园林设计，其内涵已不再是对亭台水榭的描摹或者规整方圆的形塑，而应是建立在对自然概念正确理解前提下，对自然进程的合理干预与融合。J·B·杰克逊（J.B.Jackson）曾说：“景观是一种特意创造的空间，以加速或延缓自然的进程。像伊利亚德（Eliade）所说，景观代表着人们纳入时间于自身。”

因此，本书的论述从自然哲学开始。

1　汪子嵩．希腊哲学史（第二卷）．北京：人民出版社，1993：424．
2　陈其荣，曹志平．科学基础方法论．上海：复旦大学出版社，2005：129．

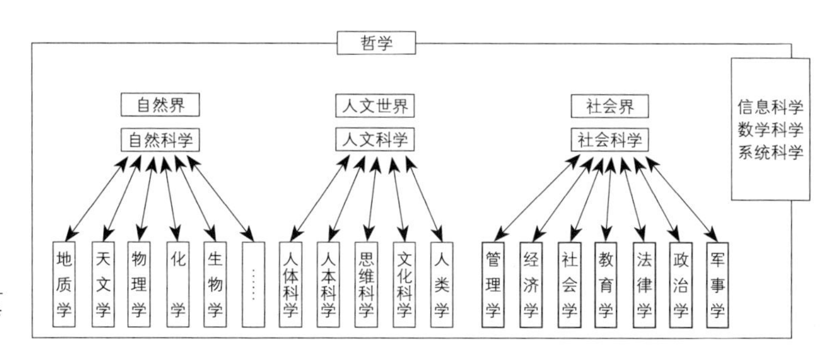

图 1-1 现代科学体系宝塔型多层次网络结构图

1.2 自然哲学

1.2.1 自然哲学的发展简述

自然哲学的任务，石里克在《自然哲学》的开篇就有叙述："给自然哲学的基本特点下定义，最简单的方法就是陈述它和自然科学的关系。"[1]"自然哲学"一词的最早提出者是亚里士多德，他于公元前4世纪中叶完成的《物理学》是世上第一部有关自然哲学的书作，其中以探求自然界的普遍原理为核心，论述了自然界运动变化的规律。亚里士多德系统总结了希腊学术的成就，并在某种程度上综合了实体主义[2]和形式主义[3]。在《物理学》和《形而上学》中，亚里士多德系统完整地表述了希腊有机自然观的各个方面：①有机体的等级理论：天上运动和地下运动质的区别，地球中心的宇宙体系，物种不变的思想；②运动的目的论：如果一个事物经过了连续变化有一个终点的话，这个终点就是目的，因为在一种有完成的过程里，前面的一切阶段都是为了达到完成；③第一推动：世界上万事万物最后的动因是最高的目的、形式、自身不动而推动一切事物运动发展的"第一推动"；④重质的科学不重量的科学：重分类方法不重数学方法。其中涉及了天文学、地学、化学、生物学等，涵盖当时自然科学的全部内容。因此，自然哲学与自然科学一直以相互依存的方式发展，虽然在早期并没有自然科学的概念，但在学科极大发展

1 ［德］莫里茨·石里克. 自然哲学. 陈维杭译. 北京：商务印书馆，1984：5.

2 所谓实体主义是相对于形式主义而言的，它们的共同目标是追问事物的本性。实体主义者把本性问题转换成事物的实体构成问题，形式主义者则把问题转换成事物的构成形式问题。实体主义与形式主义不等于唯物主义与唯心主义，因为心物之争在希腊时代还不存在；实体与形式之对立也不同于僵死的物质与运动的物质之对立，因为物质与运动的二元关系在古希腊思想中也不存在。

3 形式主义者力求找到变化背后不变的东西，因而更加发展了抽象思维，强调了概念的重要性。毕达哥拉斯最先提出了数的形式主义，其后，以巴门尼德为首的爱利亚学派从逻辑上论证了不变的概念才是事物的本质。苏格拉底、柏拉图进一步发展了理念论，把形式主义推向极端，同时也高扬了理性的地位，把自然之秩序、规则高悬于感性具体多变的自然事物之上。柏拉图超越的理念世界成为后来教父哲学的理论基础。

的今天，从研究的内容与性质上来看它们相互牵引，概念从混沌到清晰。

17世纪以前西方的自然哲学基本上是以神学为“第一哲学”的定律在发展，因而对自然的真理性探究很难摆脱宗教神学的桎梏。直到17世纪西方哲学才走进了近代哲学的历史范畴，科学的发展带来的新概念对近代哲学发生了深刻的影响，自然哲学则以自然科学的发展为基础，进行其“存在”意义的思考。

17世纪中叶，笛卡儿在《哲学原理》一书中提出著名的“哲学之树”：“全部哲学就像一棵树，树根是形而上学，树干是物理学，在树干长出的枝杈则是全部其他科学[1]”。从中我们可以分析出，笛卡儿的哲学概念中，是以形而上学为基本，物理学（也就是现在的自然哲学）为支撑的全部自然科学在内的所有科学。形而上学是最为根本的部分。可以看到，古典自然哲学与自然科学属于同一范畴，没有概念上的划分，研究的对象实质也为实在的“自然物”，是对象化的自然界，这是作为自然界中物类的聚集体而已。笛卡儿从哲学的高度肯定了数学方法的价值，他认为经验不能作为知识可靠的基础，只有理性才是真理的标准，而数学是使得理性能够清楚明白为人所理解的最佳方式，所以数学方法是追求真理的方法。

18世纪80年代康德出版了《纯粹理性批判》一书，这本书被叔本华称为“曾在欧洲写下的最重要的书”。康德在书中把自然哲学作为他纯粹理性研究的组成部分之一，并建立形而上学的研究体系，康德认为：“自然科学以形而上学为先决条件。”书中阐明了哲学与科学的互为存在的论证关系，即科学的可能性仍需要哲学来加以证明，而同时哲学也仍需以科学的可能性为证据来证明其自身的合法性。

19世纪初，黑格尔指出：“一个有文化的民族没有形而上学——就像一座庙，其他各个方面都装饰得富丽堂皇，却没有至圣的神那样[2]。”黑格尔在建立其哲学体系中，将“构成真正的形而上学或纯粹思辨哲学的逻辑科学”置于首位，而把自然哲学（还有精神哲学）的内容视为逻辑学的应用，认为逻辑学研究纯粹理念，自然哲学所研究的是异在或外在化的理念，即绝对理念在自然界中的体现。黑格尔对于自然哲学与一般自然科学的分辨为：“自然哲学本身就是物理学，不过是理性物理学。”在他看来，自然哲学是对经验自然科学的理论的再加工和再思考，它是高出于一切经验自然科学之上的知识体系，是“科学的科学”。由于黑格

1　笛卡尔．哲学原理．北京：商务印书馆，1958：17．
2　黑格尔．逻辑学（上卷）．北京：商务印书馆，1966：4．

尔哲学中的主观唯心思想，在后期有人把黑格尔自然哲学称为“一种倒退的思辨自然哲学”，但是，他却是探讨思维与存在辩证关系的第一人。恩格斯曾给予高度的评价：“近代德国哲学在黑格尔的体系中达到了顶峰，在这个体系中，黑格尔第一次——这是他的巨大功绩——把整个自然的、历史的和精神的世界描写为处于不断运动、变化、转化和发展中，并企图揭示这种运动和发展的内在联系。”他对自然的认识也从物化的“自然物”上升至“自然存在”的形而上学的思考。

19世纪中叶以后，进入了现代自然哲学时期，这一时期的自然哲学有两大内容：一方面是对牛顿所奠基的古典物理学进行了修正，机械自然观受到怀疑和批评，一种统一的科学的自然观实际上已经不复存在。随着物理学、生物学、天文学的深入发展，现代自然科学呈现出多元发展的状态，存在的科学与演化的科学并存，有机自然观与机械自然观并存。另一方面，现代哲学对自然的思考远离了形而上学。哲学的发展出现了科学主义[1]与人本主义[2]的分野。科学主义哲学家认为自然就是自然科学的对象，就是自然科学所显示的样子，无需进行形而上学的深究。人本主义哲学家则注重研究人与自然的关系，并在这种关系之中规定自然。

进入20世纪，自然哲学开始转向过程哲学的研究。怀特海（Alfred North Whitehead，1861—1947）总结了自然哲学和自然科学的历史，提出了自己的过程哲学，把自然描述成一个持续创造、转化和进化的机体，这个机体的活动表现为过程。过程哲学彻底抛弃了机械自然观中的实体概念和机械概念，重新把自然理解成一个有机体，实体被分解为功能和

1 科学主义作为一种哲学思潮，是与实证主义特别是逻辑实证主义分不开的。在本体论上，它拒斥形而上学，主张用科学方法，尤其是逻辑方法分析问题，以取消有关世界本源的探讨；在认识论上，它反对非理性主义，崇尚理性主义和泛逻辑主义；在方法论上，它反对方法的多元化和人文学方法的独特性，而独尊科学方法和逻辑方法，把自然科学方法奉为圭臬以统辖一切学科（包括哲学和人文科学）；在语言观念上，它力图扫除日常语言的多义性和歧义性，主张用逻辑方法建立一种精确的、描述性的、还原性的和工具性的理想语言；在人学问题上，它反对采用“理解”的方式和“表意化”的方法，而主张从精确科学的角度规定人的本质和特性，进而对人生和价值问题做出规范化和实证化的说明；在科学观上，它反对科学悲观主义，鼓吹科学万能。

2 人文主义作为一种哲学思潮是与非理性主义浑然一体的。在本体论上，它反对科学方法染指哲学，反对放逐本体论的计划，主张以本体论为哲学的中心，倡导终极关怀和本体追求的精神，试图为心灵失落的现代人重建安身立命的形而上学；在认识论上，它反对唯理主义和泛逻辑主义，崇尚诗性逻辑；在方法论上，它反对科学方法的独断性和普效性，主张重视想象、隐喻、内心体验、无意识探索和解释学等；在语言观念上，它反对逻辑语言的一统天下，反对把语言降格为工具，强调语言的非精确性、非描述性和非还原性，力主语言的本体和人文性；在人学问题上，它反对把人当作科学的对象和理性的奴仆，主张从诗性的途径去把握具有情感、直觉、欲望和意志自由的人，在“价值重估”的旗帜下重新揭示人的存在本质，意志自由和价值内涵；在科学观上，它反对科学乐观主义，主张摆脱科学的枷锁，消解科学极权主义。

结构。自然和生命的二元对立不复存在。怀特海的自然哲学代表了自然科学和人文科学对自然理解的新趋势，耗散结构理论的创始人普里戈金（I. llya Prigogine）[1]称自己深受怀特海的影响。石里克则将自然哲学蜕变为以探索自然科学的认识论与方法论基础为主要目标的科学哲学。他在《自然哲学》中写道："自然哲学的任务就是解释自然科学命题的意义"，"自然哲学本身并不是一门科学，它是一种致力于考察自然规律的意义活动[2]"。自然哲学在这一时期开始转变了过去自然哲学的研究范围，开始对自然科学的假设前提、原理和法则的反思和质疑的科学之科学的前提思考，坚定了当代自然哲学的研究范畴以及研究方向。

1.2.2 对自然本体形而上的追问

自然哲学以自然本体为研究对象，是对自然的存在问题的哲学思考，是关于"自然"的哲学理论。它研究自然本体的一般性质和人类的自然图景，提供人们对于自然界以及人与自然关系的总观点，即"自然观"。在这一层面，自然哲学与自然科学所探究的"自然"有着性质上的区别：自然科学所研究的"自然"是指自然的某一部分和某一特殊的领域，它是以碎片的方式逐渐增多从而进入自然科学领域中。自然哲学是以"自然"作为一个整体的研究对象，它涵盖着自然的整个领域。另外自然科学研究的"自然"是一种客观实在，它的存在是明确而毋庸置疑的；而自然哲学中所面对的"自然"是其本身，是对被给定的自然物对它进行形而上学的"存在"性的追问，追问"自然"的根据或始基，而非本能地接受它的先在性和外在性。自然哲学必须"透过"现象而达到实在，必须凭借人的理性以理论思维的方式超越呈现于感官的现象界去寻求答案。自然哲学虽然以超验的自然本体为研究对象，但它不可能不涉及现象界。它要超越经验、超越现象，这本身就表明它不能避免现象问题。因此，自然哲学必须把思辨的形而上学与实证的自然科学结合起来，在认识和方法上既具有思辨性又具有实证性，是思辨与实证的统一。

当代的自然哲学秉以自然科学与形而上学的融合性进行自我的发展。一方面要建立健全的自然哲学理论形而上学是必需的，这决定着自然哲学对本体论的表达；另一方面，只有在以自然科学为基础的自然哲学帮助下，科学的形而上学才能建立起来。

自然哲学的研究对于自然科学的发展起着方法论的指导作用。它使

---

1 I. llya Prigogine（1917—2003，又译普利高津），比利时物理化学家和理论物理学家。

2 莫里茨·石里克. 自然哲学. 北京：商务印书馆，1984：6.

得科学之前的一切研究型的“假设”成为科学研究的可能。自然哲学是对那种“对立与人的外在世界等科学信念和科学预设”的成立与否的研究。当代自然哲学的研究方面可以反映在以下几个方面：

（1）当代自然哲学关切的自然是对自然背后本身“存在”的追问，它关切自然如何出现、如何显现，甚至人类如何对待自然。它叙述着自然界中的事物为何像它所表现的那种行为和原则。哲学对自然本体论的研究，不仅要从理论上、逻辑上将它作为具体自然物的产生依据，并以此来解释大千世界，而且要通过它与宇宙整体和永恒建立联系，为人生寻求精神的归属，使人类在精神上获得解放，达到理想的境界。

（2）当代自然哲学研究的自然不仅仅是抽象的自然，同时还包括“人化自然”。如今的自然已非古代与人类对峙的力量，而是通过工业和商业的媒介全面的“人化”。正如马克思所说：“在人类历史中即在人类社会的产生过程中形成的自然界，是真正的、人类学的自然界[1]。”因此，当代自然哲学的又一重要命题就是探讨人与自然的关系。人类能够按照美的原则塑造自然界，并在认识与改造的过程中，使得自然与人类的生命得以同步发展。

（3）当代自然哲学融入了伦理学的概念，把康德时代所提倡的“道德法则”从人与人之间的伦理道德的责任范围扩延到整个自然界。自然哲学认为，人对自然的态度不再是肆虐般的宰割与侵占，而是对自然的尊重与善待，自觉地履行保护自然的责任与义务，以此带动人与自然的和谐发展。因此，自然哲学包含了伦理学的道德内涵。

（4）当代自然哲学继承了马克思恩格斯的辩证唯物观的理念，不再是传统自然哲学对自然纯粹的终极认识，高居在自然科学的上方成为思维型的理论，而是成为一个自然科学与形而上学的桥梁。它从自然科学中汲取营养，用形而上学的思辨方式概括和总结自然科学所呈现的世界图景，对其中的基本概念做出哲学上的辩护。它与自然科学是循环往复的过程，它既有哲学上的高度又有科学上的深度。

由此可见，自然哲学是对自然的终极思考，它是一个主观的思辨过程，是建筑在自然科学的客观基础之上的哲学，可以说自然哲学对自然的认识有着行为上方法论的作用。风景园林是一门统筹自然要素的艺术与科学，它一直致力于对人类生存空间的自然性探索。通过自然哲学的

---

1 马克思恩格斯全集（第42卷）. 北京：人民出版社，1979：178.

探求我们可以发现，人类对于自然的认识正日新月异的发展，由于当今自然界的全面人化，人类的生活被自身所建造的人工环境与自然界日渐疏离，人们赖以生存的自然生境遭到人类发展建设的无情伤害，这种人们日常生活与自然环境的疏离以及自然生境的环境状况已经波及人类自身的生存问题。风景园林作为人与自然环境研究的分支，这种生存的问题的答案也成为了该学科的研究议题之一。自然哲学作为“自然”的本体论研究给风景园林学科提供了认识论上的答案以及方法论上的指引，而这种思维上的依据在哲学中概括成“自然观”。在园林设计领域，正确的自然观解读是建立自然生存与人类发展相平衡的前提。今天的园林设计在造型上的美学追求已经成为实现人与自然平衡发展的形式表现，园林设计的前提有了客观的自然生存与人类发展的双向制约，这些已经成为了设计的第一逻辑。因此，对于风景园林设计的研究应该从确立正确的自然观开始。

1.2.3 自然哲学下的自然观

所谓自然观，指的是人类作为认识主体获得的对整个自然界以及人与自然相互关系的总认识和总观点。它包括两个不可分割的方面：一是对人类赖以生存的自然界的存在状态、内部结构及其发展规律的描述，即自然界客观图景的描绘；二是对人类与自然关系的内容展开与把握方式的自觉反思，即如何从变化着的自然中理解人和从人的发展中理解自然。自然观概括来说就是人们关于自然界以及人与自然关系的总观点、总看法，是人们对自然界总图景的理性反思与把握。在自然哲学领域中，认识论的部分多以“自然观”的形式反映。自然观作为人类认识的历史范畴，是随着人类对于自然的实践拓广和认识深化变迁，逐渐形成的在一定历史时期具有代表意义的典型自然认知形态，经历了古代原始朴素的机体论自然观、中世纪宗教神学的神创论自然观、近代形而上学的机械论自然观以及近现代辩证唯物论自然观等四个基本发展阶段和历史形态。如今由于人类面对的生存环境的生态危机，近代的马克思辩证唯物主义自然观深化为辩证唯物主义系统自然观。

回顾历史，自然观的形成过程就是人对自然的实践过程，它在实践中进行检验与修正。尤其是近代马克思的辩证唯物主义自然观，它把人与自然的辩证关系作为哲学探求的根本论题。马克思把人与自然关系作为理解人全部问题的基础和前提，跨越了人与自然的紧张现实提出了操作层面的解决方案。通过对人与自然关系的研究，真实地把握人类生命活动的本质特性，理解人类生命本性，找到人与自然关系紧张的真正根源，寻找人与自然关系和谐、健康发展的根本途径。随着人类自然科学技术与数学的迅速发展，人类对于自然的认识超越微观与宏观概念，向渺观与胀观[1]延进。对此，为了探究这种更为深入层次的未知空间领域，科学中以“系统”的方法进行研究，同时也产生了当代哲学的辩证唯物主义系统自然观，简称系统自然观。

系统自然观认为：自然界的任何事物都不是简单的存在物，而是由相互联系、相互作用和相互制约的各个要素，按一定的规律（或规则）组成的、具有特殊功能的有机整体，是以系统的方式存在的；每一个自然物质系统的内部都存在着结构与功能的对立统一；任何一个自然物质系统都会与其环境形成对立统一的辩证关系，否则，它就不能存在和发展。由此，系统自然观要求人们对自然事物的认识要从系统（有机整体）与组成它的各个要素之间的相互联系、相互作用和相互制约的关系、从它的结构与功能的关系及系统与环境的关系方面去分析、研究，这样才能更深刻地揭示出它们的性质和运动的规律，从而指导人类的自然实践。

系统自然观的提出是人类对自然的认识进入的高级阶段，但由于哲学自然观所面对的是一个巨大的人与自然的关系体系，因此它不可避免地有着抽象的论述方式与宽广的应用领域，最为直接的受益者便是自然科学发展，同时也有着社会科学中人对自然开发实践的共生理念下相关政策法规的确立，以及人文科学中自然环境伦理的产生。时至今日，自然哲学与自然科学关系的辩论仍在进行，但是从发展角度来看，自然哲学与自然科学的关系仍旧是互为进步、相辅相成。这也正是哲学论题作为人类行动方法论指南的功效部分。本书对于自然哲学的研究是想从自然哲学的研究中获取对人与自然关系的正确认知，并以理性的角度进行人与自然和谐共生的意义解读，从哲学的高度对自然本体进行思考，建立符合当代科学发展的自然观，从而引导风景园林学科的正确设计观，建立适应时代发展（集中体现在与当代城市发展建设相融合）的园林景观设计方法，解释相关学科与风景园林学科的相互作用关系为何。系统自然观的阐述主要以当代自然哲学研究的“四论”为基础：自然存在论、

1　著名科学家钱学森指出的空间概念。随着自然科学的发展，现在发现微观世界中，物体之间有四种作用力，最弱的是万有引力，稍大一些的是弱作用力，再大一点的是电磁作用力，最强是强作用力。物理学家提出把这四种作用力统一起来，这就是统一场论。这个场就被称为“希克斯场”。这个场特别小，是微观以下的一个层次，我称之为渺观。渺观中的“希克斯场”可以用来解释我们现在的宇宙是怎样形成的。物理学界和天文学界的大爆炸理论认为，我们今天这个宇宙是可以探测其形成的，推算出宇宙的大小为一百多亿光年，如此大的宇宙在开始时是很小的，是逐步膨胀的，爆炸的。但这一理论遇到了宇宙在爆炸的第一瞬间之前是什么东西的问题，这在哲学上解释不通。现在用“希克斯场”可以解释了，爆炸的过程是很复杂的，宇宙是无限的，这一爆炸只是宇宙的一个局部的爆炸，这样宇宙起点问题就解决了。所以大爆炸理论应改称为膨胀理论，在宇观之上，还有多个宇宙同时存在，我给它起个名字叫作“胀观”。总之，近十年物理学界、天文学界的工作又给原来的“宇观”、“宏观”、“微观”加了两个层次，叫作“渺观”和“胀观”。这样，人对客观世界的认识就有了五个层次。这是人类认识客观世界的一个飞跃，是科学革命。摘自《国内哲学动态》。

自然演化论、自然人化论、自然价值论。系统自然观正是在这“四论”下衍生出的对自然的终极认识与总结。

1.3 园林中的自然

1.3.1 当代风景园林学科的三重属性

风景园林学科是自然研究庞大学科体系中的一个分支，它的进步与演化离不开自然整体的演化规律，也只有按照自然的科学规律进行设计，才可称之为“设计的逻辑”。当园林进入城市概念之时，园林就已经发生了存在性的变革，它以城市公共园林的形式进入城市中，成为服务性的公共游园作为城市构成的一部分。为此，传统的古典宅园便逐渐淡出了历史舞台，古典园林的奢华追求、彰显权贵的园林形式也逐渐被大众化的、近人的园林模式所取代。事实上，造成古典园林形式转变的最主要因素就是园林存在性质的转变：从“私有”转向“公共”。这也正是自然哲学中对事物形而上的思考模式，即对事物“存在的存在”研究。古典园林的存在是一种艺术与情感的景观诉求，它有着显著的阶级标志，它是高级社会阶层的权贵表征，而这种文化也是特权阶层中精英文化的反映，它有着特殊的适用人群。因此，当社会制度变革，园林从私有转至公共，它所反映的文化也从精英转至大众，从少数人群到大众游憩，这就决定了园林形制的改变。

19世纪以来，伴随欧洲工业文明的社会性深入，自然科学的发展对其起到了绝对意义的推动作用，也由此引发了学科内部的范式革命。光学、热力学、电磁学、近代化学、数学、生物学、天文学、地质学、地理学等学科迅速发展，开始从经验的描述上升到理论的概括，逐渐形成较为完整的体系，并在各个主要科学领域中相继出现了有根本意义的发现。19世纪曾被誉为“科学的世纪”，城市的机械化带来了对自然界的完整征服，同时也造就了自然资源与自然环境的毁灭性消耗，该时期的马克思辩证唯物主义自然观确立了自然的伦理认知。园林的设计范畴也从天然自然景观的艺术摹画转向对都市空间的自然环境的大规模营造，成为城市公共空间的环境调节剂。19世纪中期从英国兴起的城市公共园林，其建造目的就是平衡完全人工化拥挤肮脏不堪的城市环境。

“在这些新的拥挤地区内，各种生理上的疾病，都在竞相侵袭人们。贫穷和恶劣环境使人们的身体日益恶化：由于缺少阳光，骨头的结构和器官变得畸形，孩童得了佝偻病；恶劣的饮食使内分泌失调；因为缺少最起码的用水和卫生，皮肤病很多；污垢和粪便到处都是，使天花、伤寒、猩红热、化脓性喉炎流行；饮食恶劣，缺少阳光，加上住房拥挤，使肺病蔓延，更不用说各种职业病了，这些职业病，部分原因也是环境引起的。

我们空气中充满着氯气、阿摩尼亚、一氧化碳、硫酸、氟、甲烷和其他大约200多种致癌物质，这些物质无时无刻不在吸吮着人们的生命力，这些致命的气体常常停滞不动，集中在一起……”[1]

欧洲国家的全面工业化使得人们的生存环境岌岌可危，国家开始对城市以及郊区进行环境的整治。一方面自然科学技术的应用使得城市卫生环境得到极大的改善；此外，活跃的社会学家也深深痛斥了资本主义社会对人类与自然的无情剥削。如此情况下，自然科学与社会科学联合，反映到园林领域则体现为设计内容从“私有”到“公共”的转变，即从私家花园扩展到城市公共园林的建设。园林的功能也为此发生了历史性的转折，城市公共园林担负着改善城市环境，为大众市民提供休闲、交往和游赏的场所。其中最为代表的就是法国巴黎的奥斯曼的城市改造，历时多年的城市空间重写，使得巴黎焕然一新，美丽空前，并成为了当时欧洲各国争先效仿的对象。这一时期工业国家以城市公共园林建造作为实现城市空间洁净的载体，在极大意义上反映出城市公共园林的社会学属性。当时法国的一位园艺师和政治家苏罗伯爵曾说道：“园林使富人的情趣更高雅，使大众的行为更文明；园林对于某些人是奢侈，而对其他人则意味着秩序与稳定。”

如今，在城市公共园林历经了一个半世纪的洗礼与发展，它所具备的不单是如画风景的再现，也不仅仅是对社会秩序的一种肯定，更多的是体现为对自然进程的正确解读，是一种基于对自然进程正确参与下的文化复兴。正如詹姆士·科纳[2]所提倡的：“我们应该认为庭院（园林）更多的是通过造园的过程而不是外表的形式定义的，就好像农田的形式由耕作的方式决定，而城市则取决于其中的人流车流以及城市化的过程和影响。在劳作的景观中，行为和事件优于外观和符号。在这里，强调的重点从事物的外表转移到了形成的过程、栖居的动态和演变的微妙。”[3]如此一来，自然演进的动态过程所体现的科学性成为当代园林的设计核心，以环境整治为前提的设计逻辑也就此形成。当设计开始寻求设计逻辑的时候，设计本身就开始具备了自然科学的属性。对自然运动规律的

1 ［美］路易斯·芒福德. 城市发展史——起源、演变和前景. 宋俊岭，倪文彦译. 北京：中国建筑工业出版社，2005：480.

2 James Corner，注册景观设计师与城市设计师，宾夕法尼亚大学设计学院景观设计系主任，教授，美国Field Operations景观设计事务所创始人、首席设计师。

3 ［美］詹姆士·科纳. 论当代景观建筑学的复兴. 北京：中国建筑工业出版社，2009：165.

图 1-2 Gustave Dore 绘制版画：伦敦贫民窟 1870

探求，需要以自然科学为研究手段，作为风景园林师，设计中应该体现出对其研究的自然规律的结果加以引申与利用；反映到图纸，当代的园林也不再是表象图面的描摹者，而是源自数字、数量、事实等纯粹的数据的对场地本身特性的可能性的展现，以此强化或改变环境，借以阐释其中新的可能。

由此可见，当代的园林设计早已跳出了纯粹如画风景的理想空间的建造，而逐渐以自然科学的研究成果为实践前提，运用风景园林学科的科学原理进行场地空间的环境再现，其中的艺术性则作为园林的情感表达的一个方面，用以感染身处其中的人们，进而提升人们的生活品质，因此当代的园林设计又蕴含着社会学的意义与属性，这是园林场地设计中的软性要求。而对于场地中自然生境的良性发展更多的是要求设计中对场地本身自然更替演变过程的参与，进而建立合乎场所需要的，符合自然规律的自然空间。所以说，当代的风景园林设计是集自然科学、社会科学与人文科学三位一体的综合性学科，设计师的主要职责就是通过专业的理论知识与园林的空间处理手法使得场地的硬性需求——自然环境的良性演进，以及人们生活需求的软性要求结合，通过造园要素在园林空间中得以实现。据此，风景园林学科的复杂性也与此呈现。

1.3.2 当代园林的设计自然观

今天的园林设计追其实质就是“利用土地、水体、植物、天空等自然元素进行造景的技艺，根本之处还在于对自然领土景观的保护与利用，关系到领土景观的完整性与典型性。正如每一片土地都是领土的片断那样，每一个风景园林作品也应该是领土景观的片断。[1]”面临当今自然环境危机不断升级的恶况，环境伦理作为当代环境景观整治设计中最为关注的命题，由于该命题的多学科复合性使得各个相关学科均以不同的角度与层次参与其中。

园林领域中，以生态环境整治为前提的风景园林的规划设计现已成为当今园林设计的重要组成。以20世纪60年代I·L·麦克哈格为代表所提出的生态设计观，第一次把生态的思维方式与风景园林设计融合，在《设计结合自然》中，麦克哈格把生态科学中的自然科学理念渗入园林设计实践中，以一位纯粹的自然主义者阐释了自然与人类的同步属性，即："人类与其所生存的地球是包含在一个整体的创造性的过程之中的，而人有着独一无二的重要的作用。进化是有方向的，它具有可以被认知的属性，人是包含在这一进化的序列当中的"。在这里麦克哈格把自然环境与人类作为整体来思考，并用身体力行的实践来求证人类文明与环境文明的平衡。对此他提出了一个统一的框架，在园林景观[2]的规划设计中将景观作为包括地质、地形、水文、土地利用、植物、野生动物和气候等决定因素在内的相互联系的整体来看待和考虑，开创了园林景观规划的客观分析和归纳的方法。

此后的园林景观规划设计，尤其在中国，一直是处于环境保护的议题不断强化、呼声高昂的社会背景之下进行的。设计师以及相关专家学者不断地在认识层面一遍遍地强调其重要性如何，但对于如何应对的方法却提之甚少。"而20世纪是（景观）衰退时期，景观[3]在很大程度上被进步主义艺术运动和现代文化所忽略。……无论是为了怀旧、实用至上目标或为环境保护论者服务，这个世纪大多数时间里的景观意念都局限在唯美式和田园风光的形式里。"[4]这里一方面显示出了作为风景园林设计本体在创新实践行动上的无奈，另一方面也反映出风景园林设计中应对自然异化危机能力上的匮乏。

当城市以自然的对立面出现在时空里，它便以瞬息万变的姿态与自

1　朱建宁．做一个神圣的风景园林师．中国园林，2008（1）:39.

2　对于"景观"与"园林"的称谓在本书中不进行解释分说。在文中提及"景观"一词是为了论述的需要与习惯，由于麦克哈格的研究中往往涉及地块范围较大，不是小尺度的场地设计，而是大尺度的区域规划，所以当论述中涉及区域性的自然环境特色时，文中采用"景观"进行论述说明。

3　这里的"景观"是尊重文中的翻译而进行使用，在本书的论述均以"风景园林"为论述的中心。

4　［美］詹姆士·科纳．论当代景观建筑学的复兴．北京：中国建筑工业出版社，2009：8.

然对峙着。城市建设的人工化环境把自然割裂在城市环境之外，今天的城市园林成为“在城市上建造自然”的人工景象，脱离了自然本体的性征，切断了自然能量流的空间延续性。那么在城市中所营建的自然环境便成为人工环境与自然实体进行空间交流与渗透最为直接的手段。以“系统”的方法研究城市与自然的关系，便为人类打开了认识矛盾双方共存的方式方法。系统自然观的提出为人工与自然共生提供了研究的依据以及设计实践的空间参考。系统自然观是建立在马克思辩证唯物主义自然哲学基础上，它以“整体性”为哲学思考的前提，强调出人与自然和谐共生的科学原理。整体性作为系统自然观的核心问题，在空间上体现出设计场地的连续性，在时间上体现出文脉的传承性，而这二者的整合就是园林设计的核心内容。

实际上，风景园林设计形式上表现为人类以休憩娱乐、科普教育为目的的人工自然环境的营造，本质就是一种自然观的表达，它的形成基础又是源于对人与自然关系的科学性认识，进入到21世纪，当代风景园林的设计方向应以科学的生态自然观为设计思考的前提，以系统论为设计的实践手段，实现对自然进程的科学参与，最终实现人与自然环境的平衡共生。

2 自然哲学中的“自然”属性

人类文明之初就是源自于对生存的自然空间的深刻体验，从初期的神学崇拜到当今的和谐共生，人类对于自然的认识是一个从浅及深，由简入繁的不断累积过程。把这个过程反映至不同的历史时期，也可阶段性地总结出不同社会背景下形成的自然观。自然观，前文对此已有明确的释义，简言之即人类对待自然的态度。在本章，笔者主要以自然为对象，在哲学范畴进行人与自然关系与意义的阐述，明确当代哲学领域里自然的概念与意义，从而建立一个完整的适于当今人类社会发展的自然观体系。

对于风景园林作为一个设计实体，它的发生发展必然受制于地理、社会、经济、伦理、哲学方面的影响，然而究其本质，它是一处人类创造的自然环境，是人们文明的抽象观念在自然界中的具现。这种抽象来源于自然本身，历经了千年的传承发展进化成今天的形态，它的成长是对自然的一种表达形式，内容即人类的自然观状态。正确的自然观定位对于园林的发展起着导向性作用。

本章根据陈其荣先生所撰写的《自然哲学》一书以及吴国盛先生等对当代自然哲学的论述，将自然哲学概括为“四论”，即自然存在论、自然演化论、自然人化论与自然价值论。这是当今哲学领域里对“自然”最具前沿性、完整性的认识。它以思维的前瞻性，影响着当今世界众多科学领域的发展方向。

2.1 自然的研究本体

2.1.1 “自然”含义之演进

2.1.1.1 自然的原始含义：“涌现”与“本质”

据海德格尔考证，自然一词的含义在古希腊时期是指涌现和无蔽状态，事物充分真实地显现自身。他说：“自然，意指生长。但希腊人没有把生长理解为量的增加，也没有把它理解为‘发展’，或者一种‘变易’的相继。他们认为自然是出现和涌现，是自行开启。自然有所出现的同时又回到出现过程中，并因此在一项赋予某个在场者以在场的那个东西中自行锁闭。”[1]

在印欧语系中，“存在”一词有两个词根：一是最古老也是最基本的词根“es”，在希腊文中就是“ειμι”（eimi），拉丁文写作esum和esse，原意是“依靠自己的力量运动、生存”；二是“bhu”、“bheu”，在希腊文中就是“φυω”（phyo），拉丁文为fui，fuo，希腊文的意思是产生（produce）、成长（grow）、本来就是那样（be by nature），即是“依靠自己的力量，自然而然地生长、涌现、出现”。而“φυω”（phyo）后来演变成“φυσιξ”（physis自然）[2]。英国历史学家R·G·柯林伍德也曾对自然定义进行过评说：“（自然或本性）一词在古希腊亦有这些方面的应用，并且在古希腊中这两种含义的关系同英文中两种含义关系是一样的。在我们关于古希腊的文献的更早的记载中，总是带有被我们认为是英语中词Nature的原始含义。它总是意味着某种东西在事物之内或非常密切地属于它，从而它成为这种东西的根源，这是在早期希腊学者心目中的唯一的含义，并且是作为贯穿希腊文献史的标准含义。”[3]

西方如此，东方亦然。古代中国汉语里没有自然一词，自然这一词的出现来源于“自”与“然”的两字连用，是指自然而然，本来如此。在老子的《道德经》曾五次出现“自然”一词，即“百姓皆谓我自然”；“希言自然”；“人法地，地法天，天法道，道法自然”；“夫莫之命常自然”；“辅万物之自然而不敢为”。在这些地方，自然皆是此意。而其中的“人法地，地法天，天法道，道法自然”是老子思想的精髓，意思是说，人效法地，地效法天，天效法道，道效法、顺应“自然”。道是宇宙万物、社会人生的总根源，而道以“自然”为效法、实践的原则。在老子之前并未形成自然的术语性解释，而是把“自”与“然”分开来说的，按《广雅·释古》:“然，成也。”就是“自然而然”、“自发形成”之意。“道法自然”就是道以自然而然为法则。这里也在强调不加外力的自然状态。

由此可见，跨越地域，分别处于两大文明起源地的西方与东方，对于自然的最初认识都有着共同的含义：“涌现”、“发展”。此外，对自然的理解都或多或少渗透着“存在性”的释义，即对事物本质的探求，只是前者更强调存在的“动态性”，而后者对存在的“原理性”更加推崇。

2.1.1.2 作为存在者的整体：自然物的集合

“自然”由“本性”转向“自然物的集合”（即自然界）始于中世纪

1 曹孟勤．自然与自然界．自然辩证法研究，2005（4）：17．
2 海德格尔．形而上学导论．北京：商务印书馆，1996：70—71．
3 柯林伍德．自然的观念．吴国盛等译．北京：华夏出版社，1990：47．

的基督教。基督教强化了上帝绝对创造的观念。上帝对一切事物拥有绝对的权利，他创造了它们，它们的一切均无条件地归属于上帝，上帝是一切事物存在与发生的根本原因。在这里不存在什么本性，一切均出自上帝的意志。也正是从这个时期开始，宗教赋予人类与自然界至高无上的力量，人类对自然的态度也从畏惧到原始的征服，建立了对自然的绝对统治、无条件剥夺的态度。

进入文艺复兴时期，对人性尊严的思想开始强化，强调人性自由，面对自然人类要勇于向自然运用自己的理性。它宣扬人是“宇宙的精华，万物的灵长”。然而从理论上论证人类可以认识自然、驾驭自然则是从培根、笛卡尔开始，直至康德、黑格尔才得以完成。

培根认为，哲学研究的唯一对象是自然，哲学的任务是解释自然、控制支配自然，“达到人生的福利和效用”，他响亮地提出“知识就是力量”的口号[1]。笛卡尔突出强调人的理性力量和地位，他从普遍怀疑出发，提出“我思，故我在”，把“我思”理性提升到中心地位，成为最高主体。继培根、笛卡尔之后，康德、黑格尔进一步确立了人类理性的权威，康德提出了“人是目的，而不仅仅是手段”，“人是自然的立法者”的思想，黑格尔则更进一步，把绝对理性视为自然界的主人，把自然界看成是“绝对精神的外化”，从而把人的理性提高到至高无上的地位。从中不难看出：在西方哲学史上，精神与物质、主观与客观的二元对立借以形成，而主观区别来看待自然更加助长了人对自然界的控制和驾驭的想法，带有极强的形而上学和征服论的倾向。于是，古希腊人确认的关于自然“涌现”和“本性”的含义隐退了，自然界和自然物完全取代了“自然”，自然变成自然界和自然物的集合。

在中国哲学领域里，对自然的解释，继《老子》之后的《淮南子》积聚了先秦百家之所长，并对其进行了唯物修正。对“道”作进一步解释的同时发展了“道”的意义：“道”生万物，是世界的本原；是存在于世界中的客观普遍原则、秩序，也是现实世界的根据；“道”是包容两极的和谐的统一体。该书《天文训》中提到：“道始于虚霏”、“道始于一”，这里的“一”便是“整体”“一体”之意。由此，宇宙万事万物的统一为“道”，可以说“道”统揽了一切，无论是宇宙的开始还是其发展过程中的方方面面。除此之外，在《淮南子》的思想中，无论是人还是自然万物都统称为“物”，其中的《精神训》提出“我亦物也”，表达了“人与其他自然事物同根”和“为物之一种的人与其他物之间是一种平等的关系”的两重含义。它在对人与自然万物关系的描述中表明，人与自然万

---

1 苗力田，李毓章. 西方哲学史新编. 北京：人民出版社，1990：268.

物和谐共存于大地共同体。而这一层次即为西方哲学的“自然”与中国古典哲学“道”之思想所相距的地方。西方哲学强调人对自然的作用力与征服，东方则强调人与自然界的和谐统一，这反映了东西方对自然态度上的不同。但总体上，无论西方还是东方的古典哲学，都是把自然理解为“统一的整体的物化自然（自然界与自然物）”。

2.1.1.3 人类的认识与改造：人化自然

笛卡尔和培根分别从认识论和社会学上确立了人与自然的基本关系：自然成了人的外在的认识对象，也成了人借以为自己谋取利益的支配对象。因此，当现代科学技术发展成熟，作为知识形态的哲学思想以先验性的姿态促进了技术的转化并成为征服和改造自然的现实力量。

同时，随着人类的社会实践活动的深入展开，使原有的自然部分领域不断得到认识和改造，于是出现了一个与外在于人的活动的“纯自然”所不同的具有新质的“人化自然”。这样，自然概念就获得了又一新的具体内容，亦即作为人与自然相互作用而产生的自然，马克思把此类自然称为“属人的自然”，对于自然的思考也反映在人与自然关系的思考。马克思认为：“被抽象地孤立地理解的、被固定为与人分离的自然界，自然哲学对人说来也是无。”

实践、工业、技术是理解人与自然相互作用的钥匙。马克思说得好，“在人类历史中即在人类社会的产生过程中形成的自然界是人的现实的自然界；因此，通过工业——尽管以异化的形式——形成的自然界是真正的、人类学的自然界”。马克思在继承了黑格尔与费尔巴哈的思辨方式之后，最终形成了“以社会历史实践为中介的自然”的实践思维。他指出：现实的自然界是一种“人化的自然界”，是人的本质力量（物质的或精神的）对象化的结果。

自然的人化，充分表明了人的主观能动活动，受自然作用的人对于自然的反作用。可以这么说，人与自然的关系中最能体现属人的关系特征的地方，正在于人能够按照美的原则来塑造对象性的自然界，人重新生产了自然界，并且通过认识和改造自然界，使自然与人自己的生命得以进一步发展。也只有通过“人化”的自然才是进入人的文化或文明的自然界，它是人类文明的一部分，也是通过自然的人化过程，人类的本体思维、观念以及理性才得以体现，这也证明了人化自然的另一种含义。

2.1.1.4 生态系统形式的自然：生命共同体

人类实践能力的增强使得人类忘记了人对自然的依赖性。自工业社会以来，大机器的开发和运用以及对自然的无限掠夺印证着人类僭越自然的野心。在现代科学技术条件下，人类通过自身的实践活动大大改变了自然界的本来面貌，创造出效率至上的人工环境。随着人类活动的广度和深度不断增加，对自然环境的冲击和压力也不断扩大，亿万年演化过程中形成的自然平衡一次又一次地受到干扰与破坏，甚至冲破了自然界系统自我修复的边缘，并以异化的方式呈现。人与自然的关系变得错综复杂，两者之间的矛盾日益尖锐。

到了20世纪，在马克思的“人化自然”概念之后，随着系统论、生态科学的形成和发展，人们对自然概念又有了新的解释。生态学把地球看成是一个不可分割的有机整体，这个整体不仅包括那些没有意识的自然物，而且包括人类及其社会。自然概念的内涵和外延都得到了巨大的扩展。作为生态系统的自然概念，这是哲学家在概括汲取了当代生态学对自然新认识的基础上而提出的。美国科罗拉多州立大学哲学教授霍尔姆斯·罗尔斯顿（Holmes Rolston）于1986年出版的《哲学走向荒野》一书中明确指出：“作为生态系统的自然并非任何不好的意义上的‘荒野’，也不是‘堕落’的，更不是没有价值的。相反，她是一个呈现着美丽、完整与稳定的生命共同体。”这种生态主义的自然概念把人的角色从自然界的征服者改变成自然界的生命一分子，这种观念跨越了自然的简单统一性，强调生态系统是一个由相互依赖的各部分组成的共同体，人类仅仅为其中的一员，生境中的其他成员有着与人类一样生存以及发展的权利。

通过“自然”基本含义的历史考察与分析，可以看出自然的概念在每一历史阶段都有着特定的含义，“自然”的概念是随着历史进程而演变着，自然的概念也随着人们认知程度的加深而不断扩展。自然本身具有丰富的内涵特征，在具体的语境中也有着不同层面的意义解释。当人们讨论自然时，不能够仅仅突出其某一方面的含义，而忽视其他方面的内容。在风景园林的设计领域，设计中所讨论的自然多指“自然物的集合”；而在自然科学领域则是强调“自然界中的自然现象”；在社会科学中往往关注“人与自然”的关系如何；反映到人文科学中更多强调的是自然美学上的精神含义等；在自然哲学领域则探讨的是自然的本质或人与自然的关系及其存在关系的反思。不同历史时期自然的含义也有所不同：在古希腊和中世纪，“自然”一词主要指的是“本性”，而到了近代又主要指“自然物之总和”。因此思考自然的含义时，绝不能只突出一个层面、一个阶段的含义，否则会导致本真的“自然”被遗忘和丧失。实际上，“先前的意义没有消亡，而是在进化过程中在其上面又增加了新的意义；每个层面的认识大不同，但是整合在一起便呈现出自然的最为根本的含义”[1]。面对我们生活的自然界，是人类通过实践、工业和技术活动

1　陈其荣．自然哲学．上海：复旦大学出版社，2005：28．

与自然相互作用的过程中呈现出来的“人化自然”。实践、工业和技术是联系人和自然的中介，技术是通向认识和改造自然的手段与途径。只有以科学的方式认识和改造自然，了解自然本体的进程，人类的实践才会与自然过程相吻合，最终达到人与自然的和谐统一。

2.1.2 自然的研究分类

自人类文明之伊始，人类与自然界的关系就是对象化的关系。随着人类社会的发生与发展，自然界的原有状态不断受到人化的改造，于是自然界出现了人类活动作用改造后的“人化自然”。与其相对的就是外在于人类活动的“自在自然”。在自然哲学中，“自在自然”与“人化自然”构成了自然的两种类型，同时也具有着不同的哲学含义与属性。

2.1.2.1 自在自然（nature in itself）

自在自然，是原始的自然界，早在人类出现以前就具有的自然界，马克思称之为“先于人类历史而存在的自然界”。它独立于人类主体之外，未被纳入人的实践范围内，按照自身的规律运动发展着的原生的自然界。人类对于自然的认识就是实践，这种未被认识的“自在的”、“外在的”自然部分，例如人类尚未观测到的总星系之外的无限宇观世界和基本粒子的未知的渺观世界，以及构成人类生存环境的宏观世界中尚未被认识的自然事物等等。这也是由自然的无限性所决定的。

对于“自在自然”概念的理解是相对于“人化自然”而提出的。前者是后者的物质前提与母体。哈贝马斯（Juergen Habermas）指出：“从认识论上说，虽然我们必须把自然界设想为一种自在的存在物。然而，我们只能在劳动过程所揭示的历史范围内才能认识自然界；在劳动过程所揭示的历史范围内，人的主观自然和构成人的世界的基础与周围环境的客观自然界是联系在一起的。自此，‘自在的自然界’是我们必须加以考虑的一个抽象物。但是我们始终只是在人类历史形成过程的视野中看待自然物”[1]。这种认识上的整体性，是下文中“人化自然”讨论的前提。

“自在自然”是一个相对概念。当人类存在于自然界以后，自然界就不再是原来意义上的自然，不再是纯粹的自然。在哲学领域，自然的概念其实就已经发生了质的变化，人与自然的关系也成为了哲学所研究的一项命题，而这种命题也是从“自在自然”引申出来的“人化自然”。也就是说，只有从“自在自然”演化到“人化自然”，“自在自然”才有着哲学探讨的意义，它是“人化自然”的前提。

1 哈贝马斯．认识与兴趣．上海：学林出版社，1999：29.

2.1.2.2 人化自然（humanized nature）

“人化自然”最早是马克思在《1844年经济学哲学手稿》中提出的一个哲学概念。马克思认为人与自然的关系是“对象性”[1]的关系，主体的人和客体的自然有着相互作用、相互依存、相互制约的关系。人的本质力量的对象化过程体现为人类对自然界的实践与改造。而这种实践、改造、创造后的结果就是人类所面对的自然界是人类通过劳动而作用过的自然界，是获得了人的本质的自然界，也就是所谓的“人化自然”。城市的出现可称为人化自然的充分体现，同时伴随着媒体信息化网络的发展，如今的城市就是人类对自然的彻底人工化的结果，而城市绿地就是人工化的自然。

由于“人化自然”与人类构成“对象性”关系，因此人化自然具备着人类学属性。这一自然形态是人类目的性的生产活动，它是为了人类与社会的需要而生产出来的自然。“人化自然”是人类实践的对象世界，因此它的形成必须受限于人类本身的社会条件、思想意识、知识水平和认识能力的程度高低。它的发展也必将随着人类有意识的社会实践的发展而发展。此外，人作为具有主观能动性的生命个体，他所实践的任何对象物（包括物质形态与精神形态）都会具备着人类学的特征，由此人化的自然界，实际上就是进入了人类文化和文明的自然界。

在具备人类学属性的“人化自然”的自然范畴中，按照人类的认知程度不同可分为天然自然（第一自然，natural nature）和人工自然（第二自然，artificial nature）两种类型。“天然自然是与人工自然相对的一组概念，这组概念的提出意味着人与自然的矛盾。随着人类征服自然能力的日益扩大，人工自然的范围不断扩大，天然自然的范围日益缩小。在当今地球的范围内，天然自然只是在人类有意划分出来、禁止开发的条件下才能部分地存在。”[2]

2.1.2.3 人与自然的互化

马克思唯物主义自然观的核心部分就是在强调人与自然的辩证统一，它对于今天我们所面对的现实世界仍有着方法论的哲学指引意义。马克思的哲学是第一次把人类实践与自然本体结合而论的“属人的哲学”。当人类介入自然界，开始在自然界中进行劳作实践，这才开始了人类的文明，人们对于自然的讨论才有了“人的属性”，即社会性。也是在人类的实践中发展了“人化自然”，它是自然的人化过程，但这一过程并非是单

---

1 对象性指的是一个存在物在自身之外有一个他作物作为自己的对象，一物只有通过与他物的关系才能确证自己的存在，才能保证自身的本质力量。

2 李淮春主编. 马克思主义哲学全书. 北京：中国人民大学出版社，1996：680.

纯的主体人对客体自然的单向过程，而是一个相互的互化过程。人在发挥自身本质力量的生命活动中，“作用于他身外的自然并改变自然时，也就同时改变他自身的自然。”[1]所以说，自然界的人化过程也是人的“自然化”过程。人类在此过程中，更加广泛地掌握和同化自然力，将自然的规律和自然的力量纳入自身，变为自身的一部分，这便是马克思自然哲学中强调的人与自然的辩证统一。人类认识自然是一个循序渐进的过程，自然规律的探寻是伴随一次又一次的能源革命引发的科学革命进步发展的，在这个探知的过程中，当人类对自然规律的认知还不完整，对待自然的方式大大违背其规律要求之时，自然界回馈给人类的就是另外一番景象：异化。

2.1.2.4 自然于人的异化

对于自然的异化，自然界的直观表现为全球化的生态危机。“异化”的自然现象的本质在哲学上的解释就是“矛盾的一个属性或存在方式[2]”。由于人类认识能力的有限性和自然发展无限性的矛盾，导致了人们的自然实践违背了自然进步发展的规律，又由于缺乏科学的预见和分析，造成了实践后的历史结果和预定目的之间的脱节。当然在哲学领域对于自然之异化有着更深层次的社会学、人类学等方面的研究，但对于本专业的反思而言，能够给予设计师的启示即为：寻求正确的自然规律，并按照自然的规律进程加以设计化的融入。如今，我们通过科学手段可以加速或减缓自然的进程，但是要在自然演化规律可承受范围之内进行。因此，风景园林设计必须在自然科学的指导下进行，设计也是由此开始了正误之分。

对于自然的概念，不同学科领域、不同历史时期随着时代的变迁因时因人而异。笔者试从自然哲学的角度分析自然，进行自然的本体性思考，对自然概念以历史维度进行论述，其目的是建立历史演进发展的自然观。在自然哲学中，按照人类实践的不同程度把自然分为不同的层次，目的是从中探讨自然与人类的关系问题。由于自然哲学的研究对象是整个人类已知与未知的自然界，进而引发对自然本源的思考，同时以此来定义人类实践之前的行为准则。

从自然哲学到风景园林，它们之间有着研究层面上的极大跨越。对于风景园林专业，一个正确的自然观却是实践之本，在设计之初，设计师的实践前提是深刻了解设计对象物（土地），它作为自然体的一分子的运行原理为何。风景园林不同于一般建筑学（虽然该专业曾隶属于建筑学），

1 马克思恩格斯全集第23卷. 北京：人民出版社，1972：202.
2 陈其荣. 自然哲学. 上海：复旦大学出版社，2005：182.

风景园林的自然场地设计有着时间维度的生命性，它是一次生命的历程，同时它具备自然的一项重要属性：演化的不可逆性（后文详述）。对于风景园林学科而言，对自然本源的追溯与其自然实践层次的思考是极其必要的。这就是设计获得理性逻辑的根本方法，就是在自然科学理性指引下进行设计。在自然场地的设计过程中发掘并验证场地自身生长发展的规律，预测其良性发展的方向，使设计有规可循，获得理性的逻辑支撑。

城市公共园林它是城市中人工自然的一种形式。追其发生至今，设计实践的视角一直着眼于城市本身，甚或作为城市用地的一部分开展设计规划，自身的存在度很低。事实上我们完全可以以另外的视角审视其存在的意义：它们是城市中与第一层次[1]或第三层次的人工自然联系的唯一形式。从系统学理论分析，它是使得人类生存的城市——完全人化自然中仅有赋予城市具备自然属性的实体存在。因此对于城市公共园林设计应从实践主体的自然属性出发，发掘其自然发展的客观规律，在客观规律的遵循下寻求自然属性与社会属性的功能融合，从而指导城市公共园林的形态设计。

2.2 自然存在论

“自然”与“存在”是自然哲学中两项最为普遍、最为基本的范畴。有关“存在”的哲学思考早从哲学发生伊始直至今日，不同历史阶段哲学界的不懈探索，终难以做出最终的论断。在本文也并非对自然哲学中自然存在原理的探求，而是意在对自然存在“状态”的思考，并以自然哲学中共识的理论为基础，引申至风景园林领域，进行本学科领域中设计方法的思索。

2.2.1 自然界的物质以系统方式存在

从上文对自然含义的论述中，可以得出这样一个结论：自然作为一

1 从人的因素对自然的深入程度来看，“人工自然”大体上可分为三个层次：最低一个层次是人工控制的自然。就是用人控制的手段，把野生动物、植物或天然地貌保护起来，使之维持天然状态，如自然保护区的设立便有了对自然条件的控制，也有了对社会因素的控制。第二个层次是人工培育的自然。它是一种较高形态的人工自然，在这种形态上，人已通过劳动过程，使天然自然物发生了某种状态上、结构上甚至性质上的部分改变。例如，人工培育的动植物、转基因动植物等。第三个层次是人造自然物，即人类创建天然自然界中没有的事物，即包括人创造的人工自然物和人工自然体（建筑物、矿山、铁路、农田、牧场等），人改造了的自然环境（人造运河、人造森林、人造水库、人造天体等），以及人们克隆的各种动物、组织和器官等。这些人类创造物是完整意义上的人工自然，是人工自然的主体。选自：陈其荣. 自然哲学. 上海：复旦大学出版社，2005：176.

个实体本身是变化着的，人类对于自然的认知也是随同自然科学知识的增进而日趋完整。自然对于人类却是一个永恒的变量，面对自然的这一属性，现代系统科学的基本原理为人们认识自然界的存在方式、物质系统之间的相互联系，运动规律，以及从本体论的角度描述自然界的总的图景提供了有力工具。著名系统论哲学家E·V·拉兹洛[1]就曾形象地刻画道："现代系统论赋予人们一种透视的眼光来考察自然界、世界、宇宙。"[2]

2.2.2 系统理论

"系统"是哲学思维的一个方式，它的中心目的在于：研究事物的整体性。对于系统的概念，著名系统学家A·拉波波特[3]认为系统可从两个方面定义：一是数学的、分析的定义；二是直觉的、整体的定义。钱学森定义系统为："系统是由相互作用和相互依赖的若干组成部分结合成的，具有特定功能的有机整体。"参照《中国大百科全书》中的解释："按一定的秩序或因果关系相互联系、相互作用和相互制约着的一组事物所构成的体系，称为系统"。

系统论是当今现代科学哲学最为基本的方法论，是由贝塔朗菲[4]最先提出的一种科学研究的思维方法。贝塔朗菲强调，任何系统都是一个有机的整体，它不是各个部分的机械组合或简单相加，系统的整体功能是各要素在孤立状态下所没有的新质。他用亚里士多德的"整体大于部分之和"的名言来说明系统的整体性，反对那种认为要素性能好，整体性能一定好，以局部说明整体的机械论观点。同时认为，系统中各要素不是孤立地存在着，每个要素在系统中都处在一定的位置上，起着特定的作用。要素之间的相互关联，构成了一个不可分割的整体。要素是整体中的要素，如果将要素从系统整体中割离出来，它将失去要素的作用。

最初，系统思想在哲学领域中是以含糊的、不太清晰的状态潜存着。后来，系统思想依赖于某一些专门科学而萌发、壮大，并逐渐推广开来，成为具有广泛性的科学实践方法论。总的来讲，现代系统论是在生物学、物理学等具体科学的基础上产生并发展起来的，尽管贝塔朗菲等人尽力把系统论推广到更大领域中去运用，终究还不是哲学性质的理论。20世

1　拉兹洛（Ervin Laszlo），罗马俱乐部重要成员、著名钢琴家、系统哲学家和科学家、广义进化论和全球问题专家。

2　L·V·贝塔兰菲．一般系统论．北京：社会科学文献出版社，1987：213.

3　A·拉波波特（Anatol Rapoport），1911年出生，堪称一位博学的通才。他在博弈论、符号学、一般系统论和操作主义四门新兴学科都有创建之功和鼻祖著作传世。他是一般系统论的四位创始人当中唯一的健在者。

4　L·V·贝塔朗菲（L. Von. Bertalanffy，或译贝塔兰菲），美籍奥地利理论生物学家，一般系统论的创始人。

纪50年代，系统理论应用于城市规划领域，最为代表的是布莱恩·麦克洛克林（J.Brian McLoughlim），他于1952年写著了《城市和区域规划：系统方法》(*Urban and Regional Planning: a systems approach*)，系统规划理论强调规划的逻辑性。它将城市作为一个系统，分析系统各个要素间复杂的相互关系，并为这些关系“建立模型”。在西方，人们的思维更加倾向于实践的理性与事物发展的逻辑性。系统理论在城市规划领域的应用，摆脱了过去城市规划建筑的“物质空间决定论”，并开始了以理性为前导的城市规划实践。以麦克洛克林为代表的规划系统论的倡导者为城市规划的方法进行了彻底的范式变更，虽然城市规划的系统方法在20世纪80年代中期，被倡导者麦克洛克林宣布失败，但是这种系统理论的思维方式创建了人类对城市空间领域认识的全面革新，它以整体性、相关性、层次性、动态性、有序性、目的性为工作原理，以数学、概率论、数理统计、运筹学等为手段的计算机技术来研究系统的相互作用关系和整体规律。这为理性的了解城市发展的客观进程，为城市的规划与设计提供了有力的实践理论支撑。但是，城市的发展在另一方面显现着用数学模型与规律无法确定的不可预测性，所以，单以系统理论的科学运算方式进行城市的规划实践，势必又会走向规划中技术决定论的尴尬境地。但值得肯定的是，这种系统性的认识城市的方式与方法在今天的城市规划领域仍然有着极大的参考价值与认知意义。

2.2.3　自然的动态系统性

我们所生活的自然界是多重系统的融合体，在它的生命运行过程中，与外界宇宙空间有着熵的交换流，并以此维系自身的自然平衡。在自然界内部，由构成自然的物质而形成各自的系统，它们之间甚至互为系统。开放系统性是自然存在的一个基本性质。开放系统是与外界环境自由地进行物质、能量和信息交换的系统，因此具有着“等结果性”，也就是说处于开放系统的物质“不同的初始条件可能以不同的方式到达相同的最终状态”。举例说明，一条河道的水质恢复可以由河体内的微生物自净化，可以由周边的植物通过土壤与河道内的水体作用而发生净化，也可通过自然降水增大河体的蓄水量与氧气，诱发河体内生长出自然藻类，从而进行水质净化等，这也就是说，河体水质的自净化可以通过多样的方式获得，这就是系统的等结果性（创建一个合乎自然生态要求的生境，产生多样的空间可能，形成一个具有自身调节功能的自然空间）。另外一点，开放系统被定义为在同环境交换物质的过程中呈现输入和输出、自身物质组分的组建和破坏的系统。当一个系统与外界进行物质、能量与信息交换的时候，外部表征是输入与输出，而内部表征是自身物质组成的分解与新物质成分的新建，这就是广义上的“新陈代谢”。因此，对于这样的一个自然系统的新陈代谢过程，我们要分清系统是进化的过程，还是退化的过程。任何一个自然系统都有从孕育、产生、发展、成熟到衰退和消亡的过程，而这种运动过程就是它的动态性。作为风景园林师，对待自然环境与建筑等构筑物不同，它们是生命个体，我们要学会辨别这个“生命体”的生长情况，根据自然的科学原理来激发它的进化过程，阻止它的衰退过程，风景园林师要具备对场地未来自然状况发展预知的能力，这也是风景园林学科专业性的体现。

2.2.4 自然系统的整体性

自然作为一个开放系统，它所呈现出来的最大的特点就是整体性。所谓系统的整体性，就是指系统的各个要素按一定的方式构成的有机整体，系统是诸要素的有机集合而非各要素的简单机械加和。对于系统整体性的描述最早来自于亚里士多德提出的经典哲学命题：整体大于各孤立部分之和。量子理论确认整个自然界存在着不可分割的量子关联，它向人们呈现了有关本体论的新内容：自然界是一个统一的、不可分割的整体，这个整体中的各个部分是普遍关联的，即使其间不存在物理作用[1]。整体性是对事物系统性的引申论述：从外部看整体性，是研究系统的性态；从内部来看整体性，是研究系统的结构，这两个方面便构成了系统学的基本内容。

自然的整体性是一切自然系统的普遍属性。构成自然的要素在组成整体时便失去了其本原的质而具有了系统整体的质，而当整体分解为要素后，各个要素又恢复了独立存在的质，随之系统整体的质也就不复存在。因此，系统整体的形成，是组成要素协同发展的结果。对于系统整体性的研究可以归纳为以下四个方面：

（1）系统整体的组成和结构问题，即事物的整体构成内容以及构成形式为何。

（2）系统整体的性态问题，即一个事物在整体上和其他事物的区别和特点；作为一个整体，它具有区别于其他组成部分的新属性、新功能和新价值。

（3）系统整体的演化发展问题，即整体的运动规律以及这些规律与组成它的要素在运动规律上的运动特征的不同。

（4）系统的整体价值与价值实现的问题。系统科学一方面要从理论上阐明系统整体的普遍属性、功能和价值。另一方面又要从实际的环境和需求出发，探索自然系统和人为事物价值实现的途径，开发各种具体的应用方法，针对系统发展中的具体问题进行诊断，寻找利用、控制、管理、改造的对策。

1　陈其荣. 自然哲学. 上海：复旦大学出版社，2005：55.

对自然整体性的研究，实际上就是对自然系统性认知的一个过程。应用至风景园林学，也可分为园林内部景观要素的系统整体性研究以及园林外部更大空间范围内的自然环境系统的整体性研究，这两种层次的整体性都是建立在对自然系统性认知基础上的。

2.3 自然演化论

自然演化（evolution）是建筑于存在基础上的哲学论题，它是人类认知自然界的又一层次的延伸。这里，研究引入了另一项概念：时间。自然演化论也是自然哲学的最为核心的部分。对于自然科学而言，自然哲学所讨论的论题是站在更大的物质循环周期上进行自然界物质从无到有过程的探究，发掘自然演化的内在规律。自然演化论在极大层面上是自然科学研究形而上的思考，因此对于风景园林专业来说，该项论题略显脱节，但笔者认为，如若寻求本专业的设计逻辑，就必须懂得自然演化中最为原始的自然演进规律，它存在哪些自然发展的性质，从而反映到风景园林学科，作为设计师可以针对不同的场地状况，引用相关的自然科学成果加以利用，使得设计行为更为贴合自然演化的规律，也会使得设计的行为是对自然“进化”方向的推动，避免设计中引起自然的“退化”演进。由于自然的演化有着时间的不可逆性，那么作为自然环境工作者应该在学习实践中借助于科学研究的成果，使得设计实践具有科学上的逻辑性。人类对自然的统治能力的日渐强大，就如Denis Cosgrove和Stephen Daniels在其所著的《景观图像学》（*The Iconography of Landscape*）中所说：“从后现代的观点出发，景观不再是通过正确的技术原理和意识形态恢复的、具有‘真实’或‘可信’含义的重写本，而是文字处理显示屏上一段闪烁不定的文字，它的含义可以轻易地被创造、延伸、更改、修饰，甚至最后被一键删除。”[1]

2.3.1 自然演化的形式：进化与退化

根据现代自然科学的论断：自然的进程分为进化和退化两种，而这两种变化方式合称为“演化”。

当代非平衡态自组织理论（下文详述）认为，开放系统通过与外界环境之间的物质、能量、信息交换以及系统内部的物质、能量、信息流动，可以发生反向的变化。那么，这种“从原来的无序状态转变为非平

1 ［美］詹姆士·科纳. 论当代景观建筑学的复兴. 吴琨，韩晓晔译. 北京：中国建筑工业出版社，2008.

衡态的、相对稳定的时空有序状态，或从低度有序状态转变为高度有序状态”就是自然的进化过程，反之，即为退化过程。简言之，“进化”就是指事物上升的、从低度有序向高度有序的不可逆过程或复杂性和多样性的增长过程。“演化”作为自然的一项重要哲学概念，除了指事物的上升，从无序到有序，从低度有序到高度有序的不可逆进程的“进化”以外，还有进程倒退，从有序到无序，从宏观有序态到远离平衡的“混沌态”以及其混沌度不同状态更替的“退化”过程[1]。

自然哲学的研究多着重在自然演化进程中自然物质所呈现的状态如何，用自然科学的原理对自然性态进行研究，这是对自然演化规律背后原因的终极思考。对于风景园林学，我们更为关心的是自然界有怎样的演化规律，设计中我们如何做到自然演化与人类活动契合，激发自然的进化过程，改善自然退化的状况。这些设计实践需要自然科学研究的有效结论作为风景园林实践专业指导，使得风景园林设计更加符合自然良性发展的规律。

自然系统的有序与无序的转变过程是自然演化[2]进化与退化与否的标志。在这里，“序”的概念有着两个层次：第一层次是指自然系统的内部各要素的空间位置呈现有规则的排列，另一层次是指系统的变化过程有明显的周期性，或者系统的活动呈现出一定的关联性等，这种序意味着系统内部的组织性与确定性。这种“序”实质上就是自然系统秩序的反映，也就是C·亚历山大在其所著的《建筑的永恒之道》中所说的“无名特质”。“存在着一个极为重要的特质，它是人、城市、建筑或荒野的生命与精神的根本准则。这种特质客观明确，但却无法命名”，作为一种生命的秩序，它呈现在其生命历程之中，只有设计过程中建立或者顺应这种秩序，自然系统才会是向着有序或高度有序发展，自然的演化也才会呈现进化过程。

2.3.2 自然演化的不可逆性

时间存在于自然演化过程中，而时间的概念在哲学探讨的问题中有着极其深奥的历史根源，它是一个复杂的思辨过程，在本书也无需探讨时间的方向性。经过物理科学的论证得出：自然的演化是一个不可逆的自然演进过程，过程中它会有进化和退化两种形式。时间在这里就是过

1 陈其荣. 自然哲学. 上海：复旦大学出版社，2005：74.

2 自然演化论所探讨的自然层次早已超出了人类生存的地球空间，它的外在极限已经达到了人类所观测星系以外的多重宇宙世界，本书是不可能涵盖其所有的研究内容的。笔者欲从自然演化的哲学观念中提取对于风景园林设计有指导性的成果并加以分析，而非自然哲学中自然演化所有论题结论的体现。

程展现的量化参数。

对于自然演化的这一特性，可以给予我们深刻启示：自然作为一个开放系统，通过与外界环境物质、能量和信息的交换，可以从无序状态转变为一种在时间、空间或功能上的有序结构，反之亦然。但这个过程是一个无法回归的过程，自然的进化与退化从深层次来说就是一个空间有序与无序转变的过程。那么对于自然环境遭受严重创伤的今天，我们对自然的修复工作是无法回到最为原始的从前，我们无法以复制一样的心态来面对自然生命，由于它的不可逆性。在这一过程中，时间作为检验的量记录着所有的一切。

2.3.3 自然演化的自组织性

幸运的是，自然本身有着“自组织（self-organization）”能力。“自组织”是指自然界物质系统自主地或自发地组织化、有序化和系统化的运动过程，即系统在没有任何外部指令或外力干预下自发地形成一定结构和功能的过程和现象[1]。自然的自组织性指的就是自然能够从混沌自发、自主地走向有序化。德国著名哲学家康德在其所著的《宇宙发展史概论》中写道：“物质是能从它的完全分解和分散状态中自然而然地发展成为一个美好而有秩序的整体的”。也就是说自然本身在面对系统无序、混乱状态之时自身有着内在调节的能力。自然演化的自组织性是指自然内部自身的协调能力，这种协调性的动力却是来自系统内部的非热力平衡，根据著名的普里戈金方程所描述的系统中熵值变化得出：

$$ds = d_i s + d_e s$$

（ds 是系统总熵的变化；$d_i s$ 由系统内部不可逆过程产生的熵的变化；$d_e s$ 是通过系统的边界输送进来的熵）

封闭系统中，由于系统与外部环境之间没有物质、能量和信息的交换，$d_e s=0$，$ds=d_i s$，即系统的熵变ds唯一决定于系统内部熵变，而$d_i s>0$，所以ds永远是正的。而在开放系统中，由于系统与外界交换物质、能量和信息，通过系统边界输送进来的负熵$-d_e s$可以抵消系统内部产生的熵$d_i s$，甚至还可以超过它，因而ds就不一定是正值，它可以是零或负值（即$ds \leqslant 0$）。因此，这也意味着系统有序程度可以提高，系统可以自发地组织起来，形成有序结构。

1 陈其荣．自然哲学．上海：复旦大学出版社，2005：139.

这也解释了为何自然界能够在一定限度上接受人类建造的各种非自然物质，如桥梁、水坝、建筑、高速路、海港等人造物的出现，自然仍然能够基本维持本身的秩序，但是长期以来，这种对自然无节制的索取，熵值不断增大，当自然系统熵值总体*ds*变为正值，自然系统就会发生自然环境的恶化与频繁的灾害，这也是系统有序到无序的过程，即退化过程。

2.4 自然人化论

事实上，对自然的探讨只有以人类为前提，自然的研究意义才会为人类所体现。人与自然的关系一直也是近代自然哲学探讨的一项重要论题。当科技革命使得人类探索自然的力量得以极大强化之后，人类于自然的未知领域探索也在无限延伸，人类对自然的实践程度也日益深化，于是便造就了自然的完全人化。此外，源于人类的自然实践过程在缺少对自然科学认知的情况下，以完全征服者的姿态，以自然异化物的形式出现，这种深入的高强度的自然无序开发，严重违背了自然演化规律，最后终使自然原本的有序状态发生改变，回应人类的就是生态危机的全面爆发。

2.4.1 自然于人类的异化

生态危机（ecological crisis）是指由于人类不合理的活动，在全球规模或局部区域导致生态过程即生态系统的结构和功能的损害、生命维持系统的瓦解，从而危害人的利益、威胁人类生存和发展的现象。因此，生态危机是自然秩序失衡的表现，同时也是自然对于人类异化的一种表现形式。

自然的异化，其实质就是自然与人类矛盾的存在方式以及矛盾的一个属性。生态危机的根源就是人类工业文明与生态系统之间的尖锐冲突（图2-1）。人类的工业文明是建筑在大量消耗自然资源和排放废弃物的工业经济基础之上的，人类发展科学技术极大地扩张了驾驭自然的种种能力，没有同样扩大保存和保护自然的能力。审视传统工业的生产模式，可以概括为："原料——产品——废料"，这种单线性非循环的生产模式，造就了工业发展以排放大量废弃物为特征的生产实体。有数据表明，社会工业生产从自然界取得的物质被有效利用的仅占3%～4%，而其余则以有害和有毒物的废物形式被重新抛回自然界。人类本身没有进化成一个超级的分解者，原本具备最强吸收和分解能力的森林，尤其是热带雨林，也由于人类的超级工业生产遭受侵扰与毁坏。自然资源无限消耗与破坏冲破了自然生态系统最终的自我调节能力，导致的结果就是人类文明迅速上升的实质是以消耗破坏人类赖以生存与进化的两个基础为代价的：自然环境与生物生态系统。

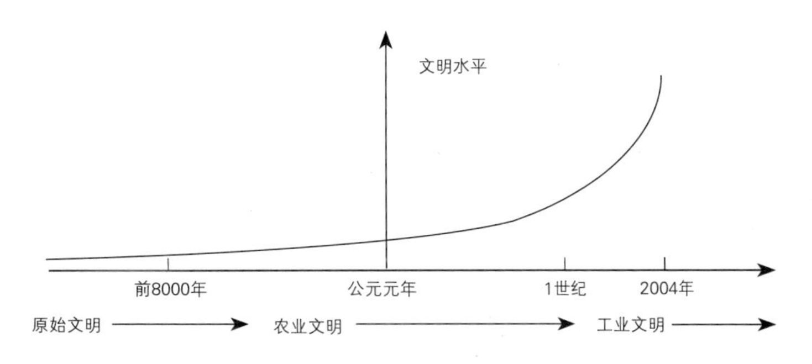

图 2-1 人类文明进化曲线

2.4.2 生态自然观的建立

面对自然生境的不断恶化，人与自然的关系也开始有了质的转变，人们开始反思自己对自然的征服行为，生态主义的自然观也开始逐渐形成。这种生态自然观是哲学家概括、汲取了当时的生态学对自然新认识的基础上而提出的。首次提出生态自然观思想的是美国科罗拉多州立大学哲学教授霍尔姆斯·罗尔斯顿（Holmes Rolston），他于1986年出版的《哲学走向荒野》一书，他将自然的本质归结为生命共同体的思想，并提出了基于现代生态学的生态自然观。这种自然观认为：生态系统是生命系统，是以生命的维持、生长、发育和演替为主要内容的活体；生态系统具有显著的整体性和自组织开放性；同时生态系统是动态平衡系统，生态平衡是稳定性与变化性相统一的平衡。生态自然观把人与自然的关系重新定义：生态自然观认为人与自然的关系是能动性与受动性的统一。人是具有自然力的社会存在物，为改造自然界提供了现实的可能性和内在动力，从这个意义上来说人具有能动性。人作为自然界的组成部分，其存在无法摆脱外部自然和自身自然的限制，因此人类只能顺应自然界的规律，从这个意义上说人又是受制约的，具有受动性。生态自然观要求人类在改造自然的过程中要做到人的内在尺度与自然的外在尺度[1]相统一。这就是要求人类在为自己所创建的人的内在尺度过程中，要与自然的本身的规律相协调与统一。人的内在尺度是人类活动的目的，人的外在尺度则表现为自然的客观规律性，这两者的统一就是人们在对自然的实践过程中要遵循与尊重自然本身的发展规律，做到自然生命与人类文

1 内在尺度是指主体从自己内在的需要、愿望出发来进行价值判断的标准或规范；外在尺度则是指按照外在事物的属性、本质和规律来进行裁定的尺度和标准。内在尺度是靠人的价值予以把握的尺度，外在尺度则是人的（工具）理性要把握的对象。两种尺度的对立统一本质上反映的是理性与价值的辩证关系，因此要实现理性与价值的整合，首先要把两种尺度统一起来。

明的共同进步。

生态自然观定位人类是自然的消费者又是自然的调控者。人类的消费是建立在一定社会关系中以改造自然为目的的高级消费，而在这过程中，人类对于自然的角色又应该转为调控者，即要求“人以自身的活动来引起、调整和控制人与自然的物质变换过程[1]”。

生态自然观是应对生态危机的自然异化现象而逐渐发展完善起来的一种科学自然观。它把人与自然的关系定位在协同发展的基础上，目的是建立一种人与自然由内而外的平衡，也是基于此才有了1980年国际自然与自然资源保护联盟在《世界自然资源保护大纲》中提出的可持续发展理论。

2.5 自然价值论

当人类开始认识到自然的内在价值的时候，人类与自然的关系才开始真正的走向辩证的统一，人类开始正视自然的作用，以及建立人对自然最为基本的伦理观念。也只有正确的认识自然，尊重自然，风景园林师的设计行为才会具有其中最为重要的起点：设计逻辑。

2.5.1 自然的价值

在现代科学以前，人类对自然的认识仅仅建立在自然的外在属性上，人类对自然予取予求，也正是由于人类需求的多层次性和自然性质的多元性，使得自然体现出了其多样化的工具价值，（按照广义价值的概念，自然价值由工具价值和内在价值构成）而对此霍尔姆斯·罗尔斯顿则对自然的工具价值做了十项分类：经济价值、生命支撑价值、消遣价值、科学价值、审美价值、生命价值、多样性与统一性价值、确定性与自发性价值、辩证价值和精神价值。在这里罗尔斯顿对自然工具价值按照人类需求模式由低到高给予了综合概括。我们可以根据马斯洛的需要层次论分析，自然的工具价值的各种构成都能够对应到人类从低级到高级的不同需要层次（图2-2）。

自然的内在价值（intrinsic value）是对自然价值探求的深入阶段。美国伦理学家摩尔（G.E.Moore）最早提出“内在价值”的概念，他在《内在价值概念》一文中指出：“说某类价值为‘内在的’——完全依赖于这

1 恩格斯．自然辩证法．北京：人民出版社，1971：19.

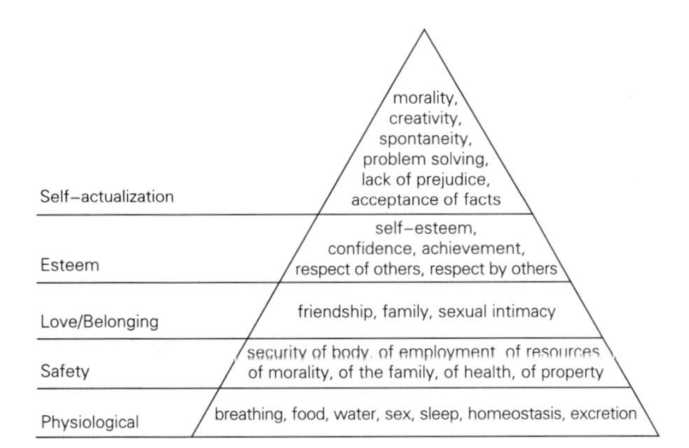

图 2-2 马斯洛的人类需求层次论由下至上分别为：生存需要、安全需要、社会需要、尊重需要以及自我实现需要。这五个层次代表人们对生活需要由低及高的五个层次

一事物的内在本性。所谓自然界的内在价值，是指自然界自身的自我满足、生存和发展。”这种价值不以人类作参照，是与人类需要无涉的价值，是自然所固有的。罗尔斯顿对自然的内在价值定义为是指“那些能在自身中发现价值而无需借助其他参照物的事物，即事物自在（in itself）与自为（for itself）的价值”。他认为自然生态系统的内在价值是客观的，不能还原为人的主观偏好；人类有保护和促进具有内在价值的存在物的义务，因而人类应该维护和促进具有内在价值的生态系统的完整和稳定。

自然的工具价值与内在价值构成了完整的自然价值的认知体系。自然的工具价值反映了自然对于人类生存与发展需要的功用。自然的内在价值跨越了价值认识论主体为人的范畴，就像哈贝马斯[1]所提出的“主体际性（Intersubjektivität）”的概念，他认为应当把自然界当作另外一个主体来认识[2]。这种互为前提的主体性观点，维系了不同价值主体的多样性，多样性的价值主体必然带来需求与满足的多样性，从而使得价值的意义在自然界的各个层次展开。自然内在价值的科学论证同时得到了盖娅（Gaia）假说的支持。这一假说认为，地球包括它的生物和非生物成分，是作为一个自我调节的系统活动；地球上的生命和其物质环境相互影响，两者共同进化。各种生物与自然界之间主要由负反馈连接，从而保持地球生态的稳定状态，使其成为可持续居住的星球。罗尔斯顿对自然的内在价值进行了层次的分化，他指出了不同层次价值之间的丰富而复杂的关系，它们互为开放，以工具价值为依托，成为联系个体的纽带，而自然价值论中的整体价值观则成为最为核心的构成部分，整体所承载的价值大于它任何一个组成部分所承载的价值。这也就是要求我们做到自然的工具价值与内在价值的统一。

1 Habermas Jürgen，于尔根・哈贝马斯，德国哲学家，社会学家。
2 哈贝马斯. 作为意识形态的技术科学. 上海：学林出版社，1999：45.

2.5.2 自然的权利

当我们论及“价值”就必然会讨论到“权利”，价值是权利的基础，当事物拥有了权利，就意味着它的生存受到了威胁，其生存需要受到保护。自然作为工具价值为人类的生存，发展提供了所有必需的条件。在挖掘其深层次的内在价值之时，人类仍旧停留在其认知的层面，只有谈及自然权利的时候，并以一种可约束的法案所呈现在人类社会中，它的权利才会得以保证。罗德里克・纳什在《大自然的权利》一书中回顾了人类社会“权利概念”的扩展历程，而自然的权利正应该是这种权利概念的历史延续，权利理应归还动物、生命和自然界。正如辛格所说：“我所倡导的是，我们在态度和实践方面的精神转变，应朝向一个更大的存在物群体……我认为，我们应该把大多数人都承认的那种适用于我们这个物种的所有成员的平等原则扩展到其他物种上去。”这里所强调的自然的权利是就生物物种的存在而非个体的存在而论，其核心就是一个整体性的概念。在生存权的问题上，人类的行为应得以限制，而非凌驾于其他生命形态之上。这种对传统的人类中心论（anthropolocentric）的突破，奠定了现代环境伦理学的理论基础。

2.5.3 自然价值的伦理意义

从自然环境危机的现实感而衍生的生态学发展至哲学，其中以奥尔多・利奥波德（Aldo Leopold）在其著作《沙郡年鉴》（*A Sand Country Almanac*）中所提出的“大地伦理（Land Ethic）”的观念开始，环境伦理便成为哲学中伦理学的一大分支开始流行。到了20世纪80年代，环境伦理完成了人与人、人与社会之间的伦理关系到人与自然关系的转向，它在理论上确立了自然的内在价值和自然的权利，在实践上是要指导人们在人类价值自我实现的同时又要保护地球上的生命以及自然界。

环境伦理体现出一种从生态系统中所衍生出来的稳定、合作、相互依赖的品质，并以此作为伦理的标准。自然价值论认为，所有的价值都是在生态系统演化过程中产生出来的，这些价值产生出来之后又都包含于或服从于生态系统的总体价值。自然价值论扬弃了人在整个世界中的先验的、绝对的主宰地位，消解了人在世界中的优先价值地位和先验的价值合理性，强调生态整体的合理性和生态系统内部各要素之间在价值上的平等，从根本上动摇和否定了任何价值霸权。我们可以看到，人类文明的每一次演化与革新，都是与自然相互作用的结果，从最为基本的生理需求到高级的自我实现需求都与自然界有着直接或间接的联系。因此自然价值的伦理意义就是从人的认知意识层面建立自然界与人类一样的生存属性：生命性、主体性与平等性。

自然价值论则以生态系统的完整、协调和美丽为终极关怀，追求生态本位，鲜明地凸显了“生态合理性”的生态伦理精神，为人类建设生态文明提供了整体的、科学的认识论、方法论。

2.6 小结：系统自然观认知下的城市公共园林设计

2.6.1 系统自然观的内容构成

自然哲学中的“四论”是对自然本体的客观属性建立的完整认知模式，同时这种模式是建立在自然科学的研究基础之上的。自然哲学从表及里，由浅入深地阐释了人与自然协同发展的原理，该原理建立之本是自然科学的数学分析模型，因此自然哲学对待自然的观点与结论是相对客观的，可以说自然哲学的研究结论最为直接的目的就是指导人们建立正确的自然观与自然实践的方法论。

辩证唯物主义系统自然观的建立在自然哲学观点下人与自然关系的态度总结，作为人们对自然行为实践的正确导则，综合可归纳以下几点：

（1）自然的层次结构性

现代科学表明，自然界具有无穷的连续系列的层次结构，每一层次又是这个系列的不连续的“关节点”，表现为各种不同的物质形态。任何层次的物质形态都具有内部结构，都包含决定其性质的各种要素和它们的相互作用。自然的系统通过不同的层次加以体现，而自然的结构又与功能有着内在根据与外部表现的从属性：结构是功能的内在根据；功能是结构的外在表现。自然的层次与结构都是人类认知自然的渠道与途径。量子理论向人们呈现了有关本体论的新内容：自然界是一个统一的、不可分割的整体，这个整体中的各个部分是普遍关联的，即使其间不存在物理相互作用。由此可见自然界是一个具有强完整性的不可分割体。

（2）自然的无限发展性

系统自然观认为，运动是物质存在的方式，任何物质形态都处于不停的运动变化之中，一切事物的发展过程都是进化和退化、前进运动和后退运动、向上分支和向下分支、偶然性和必然性的统一。同时自然界的此种运动具备着时间方向的不可逆性。20世纪中叶的自然科学判明，自然事物在本质上都是开放系统，不断地同外界交换物质和能量，形成减熵的进化过程。因此，自然界总是不断变化发展的。自然界总是经历着进化和退化相统一的发展的历史，也是旧态事物瓦解、新生事物涌现的真正历史。

（3）自然的相互作用性

系统自然观认为，自然界是各种事物相互作用的整体，也是各种作用过程的集合体。一切自然事物，小到原子、基本粒子，大到银河系、总星系，复杂到人、生物圈以至于社会圈，都是由各种不同要素组成的系统。自然界通过这些要素相互作用以及与外部环境的相互作用形成整体的功能和特性。这也是一个信息反馈的过程。物质系统可能通过负反馈调节输入而保持相对的稳态，也可能通过正反馈打破旧的稳态，建立新的稳态或趋于毁灭。因此，在这种动态作用过程中，每一层次的系统都会突现新的组合方式，具有更高的组织性，形成不同层次的物质形态。但是，不同层次的系统又有同构性。事物作为开放系统，处于内部和外部作用中，并且都具有一定的自我调节、自我组织的能力。物质结构每一层次的整体功能，也意味着趋向于更高层次的潜在可能性，并且在一定条件下确实会导致新的层次的突现。

（4）人和自然的协同统一性

科学技术的发展不断改变着人与自然的关系，人不是自然现象的单纯旁观者，而是自然过程的积极参与者；自然界到处打上了人的烙印，人也在改造自然的过程中不断改造自己。新的技术革命延长了人脑，使人类有可能预见自己活动更远的社会后果，更自觉地调节人同自然的关系。这就从根本上改变了人对自然的态度：人作为自然界的一部分，不能凌驾于自然之上，无限制地向自然界索取，而必须不断调节自己同自然的关系，使之和谐统一，并在这个前提下满足自己的需要。辩证唯物主义自然观主张人和自然共同构成一个有机的整体，人们只能在人同自然的相互作用中认识自然界以及认识人自己，建立人与自然相统一的辩证世界图景。

系统自然观是人类认知自然方式的界定，因此它有着认识论上的指导意义。系统自然观是建立在自然科学的研究基础之上，所以它具有相对意义上的客观实在性，它是经过自然科学论证过的认知方法。系统自然观确立了理性认知方法之时，还建立了人类与自然和谐共生发展的社会学的伦理，它把自然提升到权利的地位，使之获得人类的尊重，并对人类的恣意妄为进行了约束。总之，系统自然观为人类勾画庞大自然系统的认知模型，它几乎适用于自然界系统的方方面面，系统自然观来源于自然哲学，它使得人类能够清晰地认知自己，反思自己，更为人类的生命进程与自然的生命演进构建了一个共生发展的认知平台。

2.6.2 城市公共园林的系统性设计

城市公共园林的设计与其他类别园林不同，它有着规划场地范围内与外的系统性衔接。园林在古典园林时期是作为艺术的一种表现形式所在，对于园林的景观设计一直是艺术美学空间论为其主导。当园林与城市化进程相结合而生成为城市公共园林时，园林的存在就开始具备了社会学属性，19世纪初建立的城市公共园林大都是作为欧洲或美洲的工业城市中混沌不堪的都市平衡剂出现的。初期的设计模式仍旧以美学为设计统领。这一时期人对自然的异化已经发展到人类历史的巅峰状态。在“二战”后的经济复苏过程中，环境意识开始不断加强，以生态为目的的自然环境整治活动开始作为西方国家主要的实践研究内容并开始流行。其中以麦克哈格为代表的风景园林师冲破了以往风景园林设计以自然美学为标准的设计模式，站在更广阔的角度，以自然为母体，审视人们建造的人工城市环境，并以实践的方式提出了生态自然观的风景园林的规划设计方法。但是，麦克哈格的观点主要立足于自然与城市对抗的思想角度与理论角度进行论述，在其理论中有着明显的生态中心论与人类中心论的矛盾思想，同时他在生态学的研究更多的注意力放在了生态的垂直自然过程中，忽视了生态的水平自然过程。因此，他的自然决定论和技术崇拜论的景观设计模式遭到了一些学者的批评，认为这种模式无法有效解决问题，反而会产生误导。

一个学科理论发展的最初是要对研究的对象建立正确的认知。对于城市公共园林，我们可以通过系统自然观建立设计的基本内涵。城市公共园林是处于城市大体系中的一个分支体系，它与城市建筑、城市街道、城市广场等其他城市构成要素联合形成城市景观；理想的话，城市公共园林可以与其周边或者城市外围的自然环境联合形成一套完整的人工自然体系，城市公共园林可以定义成自然→乡村→城市→乡村→自然中自然与自然的联系，这样便具备了生态学所要求的廊道斑块体系。城市公共园林的构成要素具备着生命性征，因此，城市公共园林的设计是一个自然进程的参与过程，设计的目的是保证该进程能够不遭受破坏或者对已遭受侵染的自然景观环境进行修复，并以良性的运行方式使其发展。

公园中的自然要素体系本身具有着自组织性，它们以不同的层次相互作用，并参与到更大自然体系中去，并且这样的自然发展进程不可逆。这就意味着，自然本身具备着一定的开发承载力，它并非是一个只能围合保护的、人行为不可入的自然体，同时它的发展还需要人为的正确干预，以使得其自然良性进程的加速，恶性循环的遏止。但是自然进程发展的不可逆决定了设计参与的高合理性。因此，要求设计师在设计过程中要对场地自然景观进行严谨科学调查，从问题出发进行设计，综合场地内外的环境状况，首先需要整合自然环境情况，用以约束场地的空间设计。

公园的自然场地本身是一个开放的系统，所以它一定会有着跟外界环境的交换过程，因此周边的城市状况一定会对其发展过程产生影响，而这种影响不一定只限于自然环境，还包括社会要素、人文要素等方面。因此设计一定要考虑环境周边：分别从自然环境、社会环境、人文环境三个方面出发进行设计。

由于城市公共园林与城市、自然发展的动态性，因此设计本身绝非是图纸的目标设计，而是一个过程设计。它至少应该包括场地可行性分析、物质空间设计以及建设后管理维护等三个方面。作为一名专业的风景园林师必须在图纸型空间设计之前，就做好整个过程的规划，使得设计在研究之前，维护在设计之后的立体性设计模式得以形成。此外，设计过程中要最大限度地考虑场地发展的需要，设计师需要具备预测场地自然要素未来发展的预测能力，使得在设计最初就给予场地自我生长、自我繁衍的空间与后期场地空间调整的余地。

系统自然观给予我们的是一个认知层面的引导，在具体的操作层面还需要实际问题的分析与设计实践的验证。但是，在这所有的行动之前，我们首先要树立对人与自然协调共生的坚定信念，建立环境伦理的道德自然秩序。

系统自然观是现代人类对自然认知方法与认知过程的概述，它不仅仅是一种人对自然态度的表达，更多的是建立一种人对自然认知的方法，建立人与自然统一发展的目标。系统自然观的核心思想就是整体性，自然的发展过程，自然与人类的相互作用过程都是在表达着对系统平衡的整体性追求，在发展过程中反映出的对立统一关系就是整体性过程的表现形式。因此，对于城市公共园林的设计核心问题就是对园林中的各个组成要素（物质要素、精神要素）的协调统一，用以达到设计场地空间不同发展阶段的空间整体性。

3 园林是自然观表达的一种媒介

园林的存在形制伴随着人类社会文明的进步而发展变化，在不同的历史时期、地理环境它都有着不同的规矩与形式。对其存在形制产生最大影响的是不同历史时期、社会条件、人文背景之下人类所持的设计自然观。自然观对于设计行为有着形而上的哲学引导，园林所抒发以及表现的就是人类抽象过的自然界，它运用自然要素，通过艺术手法再现一处意境天地，因此说园林是设计自然观的一种表达。一个园林从产生伊始就是一种对理想生活的模拟性创造，从而满足人与自然融合协调、情景典雅的人居环境的实用需求。汪菊渊先生在《中国古代园林史》中对园林做了如下解释：“园林是以一定的地块，用科学的和艺术的原则进行创作而形成的一个美的自然和美的生活境域。这种创作或对原有的风景——大地及其景物，稍加润饰、点缀和建设而成，或重新组织构图的各种题材而成。”从中不难看出，汪老对园林的解读体现了现代园林设计的重要内涵，就是对“科学”的尊重。当人类社会开始向工业社会转化，随之而来的就是社会体系的变革，也正是在这一时期，人类的自然观发生了质的转变，体现在园林领域中，园林的形制从“私有宅园”走向了“大众公园”，性质的转变相继而来的就是园林形式结构的革新。

3.1 园林中古典与现代的时间分野

classics这一术语通常有两层意义，它经常泛指优秀之物，如某些东西如果它是同类中杰出的榜样和典范，就可能称之“经典的、古典的”；从美术史上讲，它又可追溯为古希腊和古罗马辉煌时代的文明，合称“古典的时代[1]”。贡布里希认为：“所谓的古典或者古典艺术（classic arts）一般是指希腊和罗马的艺术。”在《辞海》中对于古典解释有二：一是指“古代流传下来而被后人认为有典范性或代表性的”，二是“泛指过去时代具有典范意义或代表性的”。对西方国家而言，这里的“古代”或

1 蒋孔阳，朱立元．西方美学通史（第一卷）．上海：上海文艺出版社，1999：97.

“过去时代”特指古代希腊和罗马的古典时期。《美国传统英语词典》对“古代希腊人和罗马人，尤其是他们的艺术、建筑和文学的，或与其有关的”，也可解释为“符合古代希腊和罗马艺术和文学模式的”。《美学百科辞典》解释古典“classic”：作为“古典”语源的拉丁语“classicus”，是“classis”的形容词，“classis”意为古罗马塞维·图里乌（Servius Tulius，公元前578—535）王时代五个市民等级中属于最高一级的阶层。形容词“classius”一般具有“第一流的”意义。公元2世纪以后则用来形容典范的优秀作家或作品，经过转化，现在已成为特指能够经受若干世纪的批评、其价值被确认为典范的艺术杰作的术语。

古典（classical）一词在园林领域中经常强调为希腊与罗马的艺术与建筑中所含的价值观：简洁的形式、和谐的比例以及结构主要部分的装饰等。由于西方国家19世纪末期以前的园林设计模式渗透并延续着古典主义美学的要求以及美学的态度。因此西方的古典园林可以界定为：“古代希腊、罗马的园林以及受其影响的、遵循其审美态度和原则的后期园林；在时代上，它不一定十分古老。[1]”而在中国的园林发展史上则主要反映在封建社会时期，清王朝的覆亡以前，这一段历史时期的园林均可以称为古典园林。按照周维权先生在《中国古典园林史》中的论述：“在园

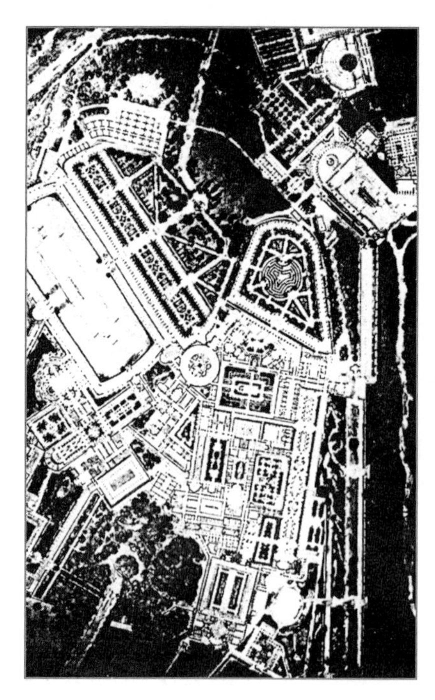

图 3-1　根据对遗址的勘测，绘制的哈德良庄园平面图，园中建筑与园林有着明确的对称关系

1　周武忠．寻求伊甸园——中西古典园林艺术比较．南京：东南大学出版社，2001：3.

林研究领域把园林类型按照山、水、植物、建筑四者的构配方式来归纳，可以分为两种基本形式：规整式园林和风景式园林”。其中的规整式园林主要指的是以法国古典主义园林为代表的欧洲体系的园林样式；风景式园林则是以中国的古典园林为典型的东方园林样式。这两种园林式样从人类文明伊始一直成为园林发展体系中的重要组成部分。不论是规整式园林还是风景式园林它的发展都经历了起源、发展、鼎盛直至衰落的过程。而古典园林通常就是人类社会发展至工业革命以前时期的园林。对于欧洲国家这一时期要早于中国，周维权先生把中国古典园林历史的分期定义在“大约公元前11世纪的奴隶社会末期直到19世纪末叶封建社会解体为止[1]”。

在本书的论述中对古典主义园林的界定是为：19世纪西方大众城市公共园林出现，封建社会在欧洲彻底解体，工业社会开始以前的园林称之为古典园林。19世纪以后，特别是社会进入工业化时期，大众的城市公共园林在欧洲国家的陆续出现，这一时期为古典园林的现代化转折期，以此来界定园林设计中古典与现代的时间分界。

3.2 古典园林设计中的美学自然观

自然观的建立是随着人类认知世界的深入程度而变化的，不论西方还是东方，自然观一直处于动态的发展之中。思维模式是一个经历时间洗礼而沉淀于各民族精神内部较为稳定的要素，因此有些语言学家为其定义为“稳定的民族内核”。东西方的思维模式至今都有着相对独立的构成体系。本节就是从古典时期东西方的思维模式入手，分析古典时期东

图 3-2 建章宫鸟瞰示意图，可以清晰地感受到古典时期东方与西方在园林建制的截然不同，特别是建筑与园林的关系

1 周维权. 中国古典园林史（第二版）. 北京：清华大学出版社，1999：4.

西方自然观的形成特点，以及古典园林时期东西方两大造园体系与其各自的自然观联系，考察历史中的自然观模式对造园形制的影响。

19世纪欧洲工业革命以后，世界各地区、各民族的沟通更为频繁与紧密，对于文化的交流也开始蓬勃发展，尤其伴随着自然科学的发展，对自然的认知开始转至以西方逻辑思维为导向。直到今天，人类对于自然的态度基本走向大同，但是伴随人类历史几千年的思维模式却深刻地扎根于东西方的文明之中，因此在对待自然的方式与表现手法中，仍可以找寻不同思维模式下东西方园林景观各异的自然观表达。

3.2.1 西方与东方：两种思维体系

思维模式是反映一定阶段上人们认识能力特征的思维要素、结构以及方法论原则，它是作为各民族文化传统、心理体系和思维能力的理性积淀物。思维模式是人类在其历史进程中能动地改造外部客观环境所形成的事物的自我认知方式。它以群体的区分有着文化特征上的相对稳定性与连续性，因此它属于民族文化体系的深层结构，并对民族文化传统的凝聚和维系起重要的定势作用。思维模式分析是作为考察客观事物形成的哲学内涵的根本方式。

表 3–1 东西方思维方式和文化特质比较

序号	西方	东方
1	功能	总体
2	分别（分析）	和合（综合）
3	一分为二（黑白文化）	一分为三（黑白灰文化）
4	演绎	归纳
5	逻辑	直觉
6	知性、理性	悟性、灵性
7	线性	非线性
8	结构化	非结构化
9	实证	意向
10	左脑	右脑
11	定量	定性
12	节奏	旋律
13	绩效	操行
14	侧重事物	侧重人
15	注重业绩	注重等级
16	个人主义	集体主义
17	规则	潜规则
18	方	圆
19	术	道
20	求真	务实
21	本源	终极
22	神性	自然性
23	摇头	点头
24	张扬	内敛
25	开放性	封闭性
26	阳性	阴性
27	事实判断	价值判断
28	科学认识	政治理论
29	象棋文化、桥牌文化	围棋文化、麻将文化
30	法/理、情	情、法/理
31	人之初，性本恶	人之初，性本善
32	游牧文化	农耕文化
33	动脑	用心

在世界思维体系中，东方与西方是作为两大相对思维体系而存在的。东西方思维方式差异的产生，除了各自所处的自然地理环境等不同，以及社会历史发展的特殊性以外，还有着复杂的内在原因。美国著名文化心理学

家尼斯比特[1]所提出的“地缘说”认为，东西方文化的发展有着各自的轨迹；西方文明建立在古希腊的传统之上，在思维方式上以亚里士多德的逻辑和分析思维为特征；而以中国为代表的东方文化则建立在深受儒教和道教影响的东方传统之上，在思维方式上以辩证和整体思维为主要特征[2]。

3.2.1.1　西方的理性逻辑思维

西方人的思维是一种逻辑思维。西方的第一个哲学学派爱奥尼亚学派创始人泰勒斯[3]，他在对几何学的发展作出杰出贡献的同时，揭开了逻辑思维的序幕，这两者是密切相关的。

英国著名数学史学家希思（T.L.Hess）在总结泰勒斯发展几何学的贡献时指出：“几何学开始成为建立在一般性命题上的一门演绎科学[4]”。此后毕达哥拉斯及其学派推进了这种模式，把数学看作万物的本体，因为按照毕达哥拉斯学派的学说，世界绝不是某种无限的不可知的混沌，世界是可知的，它有某种固有的“秩序”、“结构”，而这种秩序和结构又服从数学的规律，也就是说“一切其他事物就其整个本性说都是以数目为范型的[5]”。毕达哥拉斯学派尤其致力于把数同几何学联系起来解释万物的派生：认为物体的界限，如面、线、点和单位是本体，它们比体和有形物更能代表形的本身，并以逻辑的方法来说明这种本体。希腊人在数学上要求根据一些公认的原理作出演绎的证明。到了亚里士多德，他把这些规律规范化和系统化，把希腊理性发展到了顶峰。他在制定形式逻辑这门学科的同时，制定了以形式、分析、演绎为特征的思维模式[6]。后期的中世纪使得理性的思维为神学所湮没，进而变异为神学的婢女，理性哲学成了经院哲学，成了为宗教神学服务的工具。其后经历了文艺复兴与启蒙时代的发展，直到笛卡尔、马勒伯朗士（Malebranche Nicolasde）、斯宾诺莎等人，形成一种相对完整的大陆唯理理论，并把古典理性主义推向高潮。古典主义哲学思想所孕育的美学要求对以法国为代表的古典主义规则式园林的发展起着决定性的作用。

1　全名为Robert Alexander Nisbet，美国著名的生态学家，1913年生于美国洛杉矶，故于1996年华盛顿。

2　侯玉波．从思维方式看东西方文化的差异．光明日报，2003年1月14日．

3　Thales 希腊语：Θαλῆς ὁ Μιλήσιος 约公元前624—公元前547或546年又译为泰利斯，古希腊哲学家，米利都学派的创始人，希腊七贤之一，西方思想史上第一个有名字留下来的哲学家。“科学之祖”泰勒斯是古希腊第一个自然科学家和哲学家,希腊最早的哲学学派——爱奥尼亚学派的创始人。

4　T. L. 希思．希腊数学史．牛津1921年版，第1卷，第129页。

5　北京大学哲学系外国哲学史教研室 编译．古希腊罗马哲学．北京：商务印书馆，1961：37.

6　范明生．东西方思维模式初探．上海社会科学院学术季刊，1993（2）.

概括而言，这种以理性逻辑为主要特征的思维模式注重对自然客观秩序的追求，力求在自然与神论中寻求一种平衡，而数学（最初为几何学）则成了这种平衡的中介，西方的哲人在对事物抽象规律的探求中，建立了“演绎”的思考方法，并认定演绎法是最为可信的获得世界知识的方法，这种理性主义的思维被笛卡尔概括为：“观念的清楚、明白作为真理性认知的标准，并且以数学，特别是欧几里得几何学作为一切可靠知识的标本，认为只有像几何学那样从极少几条完全清楚可靠的自明公理出发，依靠天赋的理性认知能力，来进行每一步骤都明白、准确无误的推理，这样得来的知识才是可靠的。”[1]这种思考认知世界的方式对以后西方的哲学思想以及西方数学和自然科学的发展影响是深远的。爱因斯坦在一封信中曾这样指出：“西方科学的发展是以两个伟大的成就为基础，那就是希腊哲学家发明的形式逻辑体系（在欧几里得几何学中），以及在文艺复兴时期通过系统的实验有可能找出的因果关系体系。”[2]

西方的理性逻辑思维反映到园林概念中是通过平衡几何图形与自然的关系表达出来的。在西方的古典园林中可以清晰地感觉到几何学对于园林景观的控制以求达到美学的制式与比例，这在阿尔伯蒂的《建筑十书》里有着明确的说明。这种美学的制式最终成为古典主义设计遵循的核心内容。当透过这最为直接的形式要素追问不同类型园林形成的原因时，以自然为作用对象的艺术设计形式隐藏在西方文明体系中。反观人们不同时期对待自然的态度，以及对自然认知的程度，这一切最终决定了人们对待自然的方式。

3.2.1.2 东方的和合辩证思维

对于东方思维方式的研究多以中国作为研究的主体。西方的逻辑思维更多地倾向于强调人和自然、主体和客体、人和神等关系的对立，而以中国为代表的东方和合辩证思维则更多地倾向于对统一、完整的追求，其中又在求和中论述阴阳相制的辩证思想。中国的思维方式的发展没有明确的阶段性差异，基本上是一以贯之地渐进发展而成。

中国的有机辩证思维整体可以概括为“天人合一”的思维方式。“天人合一”的思想发轫于《易经》。后《易传・乾卦》中“夫大人者，与天地合其德，与日月合其明，与四时合其序，与鬼神合其吉凶”。进一步阐发了“一”的思想，提出“天人合德”，把对自然的认识与人类社会的道德伦理联系起来。至春秋时期，随着人类实践的发展，以及对客观事物

1　林箐．法国勒・诺特尔式园林的艺术成就及其对现代风景园林的影响．北京：北京林业大学博士论文，2004：12．
2　爱因斯坦．爱因斯坦文集（第11卷）．北京：商务印书馆，1976：571．

认识的深化，原始形态的“天人合一”论升为一种世界观。儒家的孟子将天道与人性合为一体，“夫君子所过者化，所存者神，上下与天地同流，岂曰小补之哉？”（《孟子·尽心上》）孟子认为天或天命是决定一切的，人们必须顺从地接受它的安排，认为性善来自天，因而人与天相通，只要通过尽心、养性等途径，便能达到“上下与天地同流”。这种“天人合一”的整体思维模式发展到汉代，由董仲舒为其发扬至盛，明确提出“为人者，天也。人之为人，本于天，亦人之曾祖父也。比人之所以乃上类天也。人之形体，化天数而成；人之血气，化天志而仁；人之德行，化天理而义；人之好恶，化天之暖清；人之喜怒，化天之寒暑；人之受命，化天之四时。”从中可以体察到董仲舒的天与人的伦理本体合一的精神，他认为天是万物最高的生存境界，提出人是自然界的重要组成部分，人类生存和发展要服从自然规律，尊重万物，与万物和谐共生，这种早期朴素的生态哲学观，实现了人道与天道的彻底贯通，建立了人与自然的基本伦理关系。此外，董仲舒还强调了“天”的基本精神是中和，“中者，天下之始终也；而和者，天地之所生成也。夫德莫大于和，而道莫正于中。中者，天地之美达理也。”（《春秋繁露·循天之道》）他认为和谐是天地生成的原因，（人的）思想与行为要讲究和谐的原则，到了宋代，这种天人合一整体思维模式更显著，几乎各派哲学家都循此进行思考，最终而成为中国传统思维的核心思想。

中国传统哲学思维中在追求“和合”之时，以儒道学说为精神导则的中国传统思维模式中又有着辩证的思维部分。中国最早的哲学典籍《周易》中确立了朴素的对立统一原理，在其神秘形式和唯心主义体系中，蕴含着丰富的运用辩证思维的思想。它把宇宙变化的法则称做“易”、“道”。尤其在后来的《易传·系辞上传》中，把阴阳的对立统一称做道，阴阳交替相继，后继的是善，阴阳彼此向对立面转化就是它们的本性。并以此来解释万物的变化和天地间的事物，是通行无阻和无所不包的。在一定程度上，《易传》中把这种以对立统一为特征的辩证思维贯彻到历史的认识中，把人类历史看作是不断演变、发展的。“天地革而四时成。汤武革命，顺乎天而应乎人。革之时大矣哉！”（《易传·革·象》）因此，可以说《易传》确立了朴素的对立统一原理。而到后期，从老子、孔子开始，中国的许多思想家都有辩证思维，到宋朝张载[1]通过对“有无（动静）”之辩的总结，以气一元论进一步阐发了对

1　张载（1020—1077），北宋哲学家，理学创始人之一，理学支脉“关学”创始人。其学术思想在中国思想文化发展史上占有重要地位，对以后的思想界产生了较大的影响。他认为宇宙是一个无始无终的过程，在这个过程中充满浮与沉、升与降、动与静等矛盾的对立运动。他还把事物的矛盾变化概括为“两与一”的关系。在认识论方面，他提出“见闻之知”与“德性之知”的区别，见闻之知是由感觉经验得来的，德性之知是由修养获得的精神境界，进入这种境界的人就能“大其心则能体天下之物”。

立统一原理。认为《易传系辞》中所讲的“易”就是“造化”，就是“有无”、“动静”的统一，因此不能偏执一端，进而指出“造化”就是对立统一的意思。明清之际的王夫之[1]强调“分析”和“紧合”（综合）是相结合的，他既反对片面强调分析：“以为分析而各一之者”，又反对片面强调综合；并把这种辩证思维贯彻到社会历史领域中，提出“理势合一”的历史观，从而极大地发展和丰富了以《易传》为代表的辩证思维模式。可是东西方讲的重点不一样，西方特别强调斗争，而中国哲学讲的辩证思维比较注重对立的统一，注重和谐，认为和谐、对立的融合是最重要的[2]。

由此而见，以中国为典型的东方和合辩证思维历经千年，贯彻始终地发展成为一套完善的人与自然的思辨哲学。这种认知自然的态度与西方的理性思维大不相同，西方注重事物的分析过程，把握事物发展环节及其演绎过程的合理性；而东方的思维却建筑在统一整体的前提下，关注事物的整体性，追求内部要素的辩证统一。因此在认知自然过程中，尊重其本来的属性与规律，并使人类的行为符合自然界的普遍规律，也正是天人和合的哲学思维所主导的环境意识的影响，中国古典艺术的创作是对自然原体的摹画，园林设计中构成园林的“山水树石”、“禽鸟鱼虫”力求保持顺乎自然的纯自然状态。

3.2.2 思维模式下的自然观

社会认知心理学的大量研究发现，东西方人思维方式的确有一个根深蒂固的区别，那就是西方人的分析性思维和东方人的整体性思维。西方人注重个体事物的独立存在，注重整体的各个组成部分；东方人注重各事物组成的整体、事物之间的普遍联系以及事物周围的各种具体环境与条件。西方自然观强调人的主体地位，强调生命的价值是在征服自然中得以实现的；而东方自然观则强调同自然一体化，强调生命的价值是在迎合和接受自然的启迪中得以实现的。不同的自然观形成了不同的空间场所感。西方的自然观形成了与自然相分离与对立的空间及场所，艺术创作依据抽象形式的法则或超越现实世界的信念，竭力完善独立的造型场所空间。东方的自然观把与自然环境的整体作用视为首要，而这种整体性更多的是由意念的情景空间呈现，力求通过人的感知与空间构建情感关联。设计中经常在园林空间的内部创建一个整体性的独立空间，在界墙内部以景区或景点的序列性建立空间之间的联系，营造统一的场所氛围，能够从人的视觉、触觉、嗅觉、听觉各个方面把握空间设计的

1　王夫之（1619—1692），中国明末清初思想家,哲学家。字而农，号溟斋，学者称船山先生。王夫之在哲学上总结并发展中国传统的唯物主义。认为“尽天地之间，无不是气，即无不是理也”（《读四书大全说》卷十），以为“气”是物质实体，而“理”则为客观规律。

2　范明生. 东西方思维模式初探. 上海社会科学院学术季刊，1993（2）.

整体性。

3.2.2.1　西方："神""理"交融的机械自然观

柯林伍德曾论述过古希腊人对自然的理解：古希腊人认为自然是渗透或充满心灵的，他们把自然中心灵的存在当作自然界规则或秩序的源泉。他们设想，心灵在其所有的表现形式中都是一个立法者，一个支配和调节的因素，心灵把秩序先加于自身再加于从属于它的所有事物，所以自然界不仅是一个运动且充满活力的世界，而且是一个有秩序有规则的世界，是一个自身有心灵的理性动物[1]。李约瑟指出，在对待人与自然关系这个问题上，西方思想在两个世界之间摆动：一个是被看作自动机的世界，这是一个沉默的世界，是一个僵死而被动的自然，其行为就像是一个编好程序的机器，一旦给它，它就按照程序中描述的规则不停地运行下去，在这个意义上，人被从自然界中孤立了出来；另一个是上帝统治着宇宙的神学世界，自然界是按照上帝的意志运行的，而这两种观点却是联系在一起的[2]。

我们可以看到，作为西方文明起源的古希腊文化，在其历史发展中就有着明显的神性与理性的交融。其一，与丰富多彩的希腊神话并行，古希腊人形成了一个外在于宗教的思想领域。爱奥尼亚的"自然哲学家"（物理学家）对宇宙的起源和各种自然现象做出了充满实证精神的、世俗的解释；其二，古希腊人形成了一种宇宙秩序的观念：这种秩序并不像神话中所表述的那样，是由一个至上的主神所掌握所有的个人统治，是建立在宇宙的内在规律和分配法则上，这种规律和法则要求大自然的所有组成部分都遵循一种平等的秩序，任何部分都不能统治其他部分；其三，这种思想具有明显的几何学性质。在这些古希腊人看来，无论地理学、天文学，还是宇宙演化论，都把自然世界的构思投射到了一个空间背景上。柏拉图运用数学对其解释说明，这个空间不再由吉、凶、天堂、地狱等宗教神学的性质来界定，而是由相互的、对称的、可逆的关系组成[3]。由此可见，西方的自然观就是建立在人与自然"二分法"的思维基础上的，同时在希腊以后的时间里，西方哲学的发展通过理性科学的手段进行证实，即人对于自然的分立性、对立性和超越性，物质与精神分离等角度，确立了从个体维度理解和认识整体的哲学思维方式。

由于古希腊哲学所建立的这种对自然的认知体系，渗透在自然景观的空间感知中却因其"神性"的笼罩而变得含混不清，自然中本体的美

1　柯林伍德．自然的观念．吴国盛，柯映红译．北京：华夏出版社，1990：43．

2　［比利时］伊·普里戈金，［法］斯唐热著．从混沌到有序——人与自然的新对话．曾庆宏，沈小峰译．上海：上海译文出版社，1987：38—39．

3　王贵祥．中西文化中自然观比较（上）．重庆建筑，2002年创刊号：54．

被忽视，而对自然存在本体形式的数理见解而极端化。鲍桑奎[1]在《美学史》中曾有过这样的论述："希腊人的真正的审美分析只涉及希腊美中最形式的因素。"这种美学的延承为西方美学中理性与现实、思维和感觉中的隔离。

从个体理解整体的原则表现在人与自然的关系中就是从人出发理解自然，尽力使人成为超自然的存在，在人不能实现超自然的早期阶段则以人格化的神秘力量即上帝主宰自然界。这种倾向后来在笛卡尔的我思故我在的哲学原则、牛顿的机械力学定律以及康德的自然立法中得到了持续的贯彻，而在达尔文及斯宾塞的"自然选择、适者生存"原则中使人主宰自然的观点达到顶峰。这种对自然的积极干预，根据具体的历史条件和功利目的理解自然界的个别属性和规律性，人从自然的一部分为切入点进而认知自然界的特征，体现在以牛顿机械世界观为科学基础的自然观中。这种机械自然观认为科学观察的绝对可重复性和一切过程的绝对可逆性。然而西方世界经历的一千年的中世纪过程以来，神学对于西方人的影响却是相当深刻的，这种神学的权威性观念也一直贯彻在西方的哲学思考中。

文艺复兴以后，尤其是17世纪以来，这种机械自然观在欧洲兴起的古典园林设计中，是西方人在人与自然关系的一个极好体现。自然被加以驯化，并纳入一种人工化的规则与秩序之中。园林布局是充分几何化构图的，植物是经过精雕细琢的。园林呈对称的构图，有严整的轴线，规矩方正的水池与草坪表现出严整规则的宇宙秩序感。园林中布置有大量人体雕塑，并用喷泉、瀑布、水池等，使水体也按照人的意愿，创造出令人赏心悦目的效果。古典欧洲园林表现了人对生活享乐的追求。这里没有任何天然无琢的东西，所有的园林要素，都透出十足的人工趣味，所有的园林景观，其目的都是为了使人悦目，使人享受，使人感觉到经过驯化的自然的规整与优美，处处争显着人类对于自然的无限征服，特别是到了法国路易十四时期，在他的凡尔赛宫园林中体现得最为彻底，从垂直于凡尔赛宫殿方向的轴线，一直延伸到人视点地平线的尽头……从而表现了一种与中国人截然不同的园林艺术思想[2]。

3.2.2.2 东方：礼乐复合的有机自然观

在"古典"这个时间环节里，不论东方抑或西方都不存在对自然世

1 Bernard Bosanquet（1848—1923），英国新黑格尔主义 、英国唯心主义 和新自由主义的代表人物。他在逻辑学、美学、哲学、政治哲学、宗教学、心理学等方面都有建树。除从事专业研究外，还积极参与社会改革、关注成人教育。鲍桑奎一生编著超过20本书，发表约150篇论文，著作包括专业论文和通俗作品。

2 王贵祥. 中西文化中自然观比较（上）. 重庆建筑，2002年创刊号：54.

界中自然恶化这样论题的思索和应对，因此人与自然的关系一直处于一种朴素简单的关系中。上文已述，中国传统自然观从先秦至明清一直都一以贯之着“天人合一”的思想。人与自然的关系是和合与统一，这种有机整体自然观以中国文化为背景，基本上延续于以中国为代表的东方各国。在以“天人合一”的有机自然观思维模式下，中国古代哲学认为人伦道德应与自然同构，人的行为顺应自然的秩序。着重发掘把握自然的精神意义，而不是把自然看作科学的认知对象，借以拆解与分析，把自然作为单独的个体进行认知，这也就是东西方哲学的分野之处的“主客体二分说”。

中国古典园林的本质其实是对“精神栖居”的无限追求。而这种“精神栖居”的思想根源于中国儒家学说中对于礼乐复合的终极向往[1]。在中国古代“礼”和“乐”是相互偕配存在的。“乐”代表了艺术和情感，“礼”代表礼制、礼法等社会规范，“礼乐复合”即儒家思想的精神核心。在儒家看来，每个生命个体既是个体的人，具有独立人格、性情、情感，同时又是社会的人，具有相互依存的社会性。而社会的发展又是以个体的人格、性情、情感的充分发展为前提的[2]。儒家孔子所强调的在“乐”的教化陶冶下修身养性而“成于乐”的人生境界可称之为儒家的人生最高境界，如李泽厚指出，是主观心理上的“天人合一”，是立足于人生的终极意义的思考下，在主体与他人、社会、自然、宇宙的和谐之中体会到的自由、自然与安畅。到这般境界，人与整个宇宙自然合一，即所谓尽性知天、穷神达化，从而得到最大快乐的人生极致。

中国古典园林的表现形式中纳集了诗歌、绘画、书法、音乐等几乎当时“乐”所及的全部形式与内容，并基于此用自然的要素进行整合，使得园林本身成为“源于自然却又高于自然”的艺术大成，使得“精神栖居”的人文精神内涵以模山范水，感情的形式表达，并和本体意义的“居”相融合，从而使人们体悟自身生命的价值，理解人生、历史、宇宙的终极意义，其“乐”也即“精神栖居”的本质更加清晰。

3.2.3 古典园林中的自然观表达

3.2.3.1 形式

形式的问题是一个相当复杂的哲学论题，园林的形式如何也绝非本

1 中国古代将艺术称为“乐”，郭沫若《公孙尼子与其音乐理论》：“中国旧时的所谓‘乐’，它的内容包含很广。音乐、诗歌、舞蹈，本是三位一体的可不用说，绘画、雕镂、建筑等造型美术也被包含着……所谓乐者，乐也，凡是使人快乐，使人的感官得到享受的东西，都叫以广泛地称之为乐，但它以音乐为其代表，是毫无问题的。”

2 李泽厚．华夏美学——李泽厚十年集（第1卷）．合肥：安徽出版社，1994：89.

书能够说得清楚的，然而在这里提及形式，实为回应本章所讨论的核心问题，就是园林对自然观的表达。其实任何思维或哲学形而上的问题都会以形式的方式呈现，而转成形而下的物态而为人所知。正如《易经》所言："形而上者谓之道，形而下者谓之器"。

东西方的古典园林对自然观的表达都有着不同精神层面的含义，但终其目的均为对自然美的无限追求，通过对园林的营建来实现梦境中的天堂或仙境。追溯形式我们可以看到西方古典园林与中国传统园林有着根本的不同：西方的园林规整有序，东方的园林形散曲回。这是园林学者们一直例以为先的结论。在这里我们不去讨论东西方的形式"二分法"，而是来思考不同形式下的东西方园林中，蕴藏在形式背后的精神意义以及或整或曲的形式表达的自然观方式为何。

（1）西方

西方的逻辑思维建立在实证的基础上。自从进入文艺复兴以后，新兴的资本主义开始发展，西方国家开始建立了人文学科（Humanities）。在人文思想的影响下，铸就了以人为价值原点的信念体系，认为人本身是最高价值的体现，也是衡量一切事物的价值尺度。思想的解放促进了自然科学的发展，从而动摇了基督教的神学基础，把人和自然从宗教统治的神秘色彩中解放出来。这种人与自然对宗教的脱离，使得人对自然的欣赏变得自由，借助科学，人们对于自然美，欣赏大自然，是建筑在自然美"客观性"的基础之上的。

自从古希腊毕达哥拉斯强调数的和谐以来，西方具有唯物哲学流派在对美学上的认识：美存在大自然中，而这种美指向可以从自然中发现的抽象形式和谐法则中，而不是大自然原态的样子。因此，在对以自然要素为表达的园林艺术中，西方人在希腊理性哲学和美学思维影响作用下，要凸显出人类的思维和据此改造自然的能力，特别是明晰概念下的几何形式。在该时期的建筑师阿尔伯蒂曾强调说："它（美的形式）的真正位置在头脑中，在理智中"。这种理智肇始于古希腊形式的数学化几何形象思维。而这种思维并非仅用在园林或者花园中，更是深刻体现在西方的建筑模式中，西方的园林始于建筑外的花园或庭院，因此园林是作为建筑的附属物而发展起来。到了文艺复兴时期的意大利园林，园林作为"户外的厅堂"，是建筑空间在室外的延续，属于建筑整体的一部分，因此仍以建筑的模式进行建造，以建筑主体为核心，逐渐过渡到自然中。从整体布局来看，园林仍要和建筑的建制模式相呼应，据此就有了空间中的轴线、对称、透视、灭点等相应法则。这种理性的机械法则到了17世纪的法国便形成了完整体系的唯理主义哲学，以笛卡尔为代表的哲学家认为人类思维的第一性，并声称要运用理性的知识就会成为世界的主

图3–3 法国古典主义园林的开端：沃–勒–维贡特

人和世界的占有者。这种机械的自然观对待自然的最高技巧就是拆分，而缺乏整体的思考。这时的西方虽还未进入广泛的机器发明和技术时代，但在观念层面，以技术征服自然的思想发展方向却已经确立了下来，他们忽视了自然世界作为生命机体的真实含义。在园林建设层面，以法国古典主义园林为代表，已经跨越了“户外的厅堂”文艺复兴时期的园林概念，而是向更为深远的空间发展（图3–3）。从建筑到园林它们代表着两个不同层次的空间场所。凡尔赛宫14公里长的中心轴线表达的不仅是人类理性思维的光辉，更多的是对无上权利的颂扬，太阳王路易十四建设的是从人间到天堂的路径。

这里要特别提出的一个在西方古典园林风格上的转变时期，就是18世纪的英国风景式园林（Landscape Garden）。早在都铎时代和17世纪的英国园林一直是以局部、零散、片段式的状态进行发展，在这三百多年当中，英国园林没有形成自身独特完善的艺术风格。“要说清楚自然风致（景）式园林在英国的产生和发展，难度是很大的。它远远比意大利巴洛克园林和法国古典主义园林的历史复杂得多”[1]。一方面由于18世纪的英国完成了封建主义国家制度向资本主义国家制度的转变，社会制度的变革对于古典主义王权制度的造园风格有着深远的影响；另一方面由于英国经验主义哲学思维方式的影响，英国从培根开始就否认先天理性的至高无上的作用，相信感性经验是一切知识的来源。在英国的经验主义哲学对英国美学有着与古典主义美学截然相反的倾向，培根也曾说过：“凡是

1 陈志华．外国造园艺术．郑州：河南科学技术出版社，2006：193．

图 3-4 查兹沃斯园，在这座庄园中英国风景式造园中的意境体现得最为完整，设计追求"天然"图画般的景致的空间效果

高度的美都在比例上显得有点儿古怪。"因此英国以培根为代表的经验主义美学在园林表达上更倾向于对动态的美，更强调灵心妙用的想象，在造园形式上有着明显的"自由"和"放纵"的倾向。[1]

规则式园林的坚实政治基础是君权思想，理性主义符合绝对君权的统治要求，因而成为路易十四御用文化的精神支柱，也是古典主义园林重要的理论基础。而在18世纪的英国社会中君主立宪制的建立，使君王不再是国家的主要管理者，其政治权力大多只是一种形式，君王的威严和光芒成为一种礼仪性的假象。作为绝对君权象征的法国宫廷文化势必在英国失去了强大的政治基础，古典主义园林也势必随之遭到抛弃。17世纪后期，英国在自然科学的影响下产生了建立在秩序与和谐思想上的牛顿（Isaac Newton，1642—1727）宇宙观，以及建立在感觉经验基础上的约翰·洛克（John Locke，1632—1704）经验主义（Empiricism）。经验主义通常与理性主义相对立，理性主义认为知识独立于感觉经验之外；而经验主义则主张一切知识或大多数知识来自感觉经验。约翰·洛克[2]在《人类理智论》（*Essay Concerning Human Understanding*）中指出，人心中的观念来源于外部事物作用于感官形成的感觉，粉碎了柏拉图苦心经营的理想国的环境，为人们打开了一个五彩缤纷的感官世界。在这个世界里，所有美好的感觉都来自直接的体验而不是天赋的观念。这与理性

1　李泽厚. 华夏美学——李泽厚十年集（第1卷）. 合肥：安徽出版社，1994.

2　约翰·洛克（John Locke，1632年8月29日~1704年10月28日），英国著名哲学家、经验主义的开创人，同时也是第一个全面阐述宪政民主思想的人，在哲学以及政治领域都有重要影响。

主义者惯用的从设想出发寻找证据的演绎方法相反，牛顿学派从现象观察和实验方法出发来寻找事物的发展演变规律。经验主义者对理性方法的批判有利于形成“非几何化”的自然形象。约瑟夫·艾迪生采用了洛克的精神活动理论，分析了风景园林设计对观赏者发生作用的方式和过程——“在自然的荒野里，涌入眼帘的是天地之间宽广无限的风景，有着无穷变化的视野和意象。因此，我们经常能看到或听说一个诗人爱上了乡村生活，那儿的自然风光完美无缺，有着最能激发诗人想象力的景致。”[1]这种对观赏与想象、眼睛与大脑的联系是风景园林的重要部分之一。

（2）东方

历史中，中国哲学的形成同农业文明的生产生活实践直接相关，基于对各种自然关系和作用的现实关切，通过对自然的观察与把握，早就总结了一套认知世界时的实践理性。中国哲学形成期的最主要的理性成就并非在于自然的本体论，这是区别于西方哲学的最主要的一点。相反，中国哲学跳出了形而上的“存在本体”而更加注重存在于事物之间的现实联系，并以此为自然研究的核心内容与认知对象。同时中国哲学从先秦时代直到清末，如此一个漫长的历史时间里，以这种事物间关系一统的认知哲学为主体一脉相承，一以贯之的发展开来，这也不同于西方哲学对自然的认知呈阶段式展开。

中国哲学中在把经验上升为理性中，并非一种稳定不变的实在为其关系的核心，而是把现实世界运动中普遍的现象归纳为一种“对立统一”的关系，上升为理性的概念，探索世界演进的基本原理。在《易经》中曾从“日中则昃，月盈则食，天地盈虚，与时消息，而况乎人乎”（《易·丰》）等为现象，进而上升为理性的阐述：“穷则变，变则通，通则久”（《易·系辞下》），而“一阴一阳谓道”，“形而上者谓之道，形而下者谓之器”，中肯定矛盾作用的重要意义以及事物演进中这种相反相成的关系。中国哲学中把“自然”最初作为一个世界存在和运动的原理，老子《道德经》中强调：“人法地，地法天，天法道，道法自然”。因此中国哲学中人与自然之间的关系一直以“天人合一”的思想为人们思考与行动的准则。在面对自然界的同时，人们认为人与自然是处于统一的系统之中。古代中国人认为，以天道为法则，它把人类放在万物相互作用的现实关系中，“天人合一”的观念体现了人们在把握人类自身关系和精神发展中要顺应自然法则的观念。

---

1 John Dixon Hunt and Peter Willis. The Genius of the Place: The English Landscape Garden 1620–1820. The MIT Press, 1975 ,p141.

“自然”所具有的哲理内涵，对中国古典园林产生了极为深刻的影响，历代园林莫不以“法自然”为其宗旨。而中国园林中的“法”，是以效法自由的自然山水关系，保持草木花卉的天然形态，或人为的加工甚至使其更加突出。在建设中是以模山范水，象天法地，有若自然的规划模式来实现对天地万物及其壮丽景观的描绘的。中国古典园林中的这种描绘是人与自然的共通过程，它是自然作用于人，人又反馈至自然的思辨过程，在此过程中人对自然景色的抽象过程是以园林中的空间意境来实现的。中国古代园林当中的空间句法深受诗歌、绘画的影响，采用若即若离，若定向、定义而犹未定向、定义的高度灵活的法则，通过多维度的轴线组织、多方位的交叉重叠，构成一个回环游视、移步换景的整体环境，给游者提供一个可以从不同角度进出、自由领受意义的空间。对于意境的表达，体现在形式上则可概括为深、曲、远。如钱咏在《履园丛话》中所说：“造园如作诗文，必使曲折有法，前后呼应，最忌堆砌，最忌错杂，方称佳构。”中国古典造园刻意制造迂回曲折、曲径通幽的空间效果，意使景不尽露，从而启发人作象外的无穷遐想，实现以有限的空间表现无穷尽之山水境界的追求。

总而言之，中国古典园林是一个整体性的空间形态格局，各项造园要素以其浑然一体的深远意境，表达着人们“乐”的自然与生命的态度，力求从美学的角度实现人心与自然的共通。

3.2.3.2 要素

“形而上者谓之道，形而下者谓之器”，对于园林设计中自然观的求索最终要体现在风景园林设计的具体形式中。任何事物仅仅对于形而上的研究是无法获得操作层面的意义的。古典时期的园林设计用其自然的要素构成了一所空间，以不同的场所特质表达着人类对于自然的情感，借用造化的自然进行着人与自然的不同对话，其目的就是要对人与自然关系释义与自然哲学观念的表达。园林空间表达的方式会直接影响到空间的性质形成，这便有赖于对造园形式的把握。东西方国家在不同的自然观影响下，园林中表现出不同的空间布局（Layout）与空间结构，对于不同布局方式下空间内涵的体现是由造园要素来完成的，这也就是设计中形而下的操作部分。纵观东西方园林的建造内容，不谋而合的是，不同地域、不同历史时期东西方园林差不多用相同的造园要素来进行着精致营造，并表达着各异的自然情感与人文情怀。

在东西方的古典造园中，可以归纳出：植物、水体、石作、建筑、路径等五类要素作为园林景观空间的基本构成。对于相同要素的不同理法，就是东西方园林的设计精髓所在。事实上，不论东西方园林，园中的各类要素都是相互依赖，互为表达，以空间为依托参与到空间的生成

图 3-5　意大利文艺复兴后期阿尔多布兰迪尼庄园平面。平面上呈现明显的轴线对称布置，轴线开始伸向深远的空间，次轴线标明了台地的边界

和优化中来。因此，造园空间的整体性便成为了古典园林中最为根本的结构要求，不同点在于：西方古典园林是逻辑上的整体，而东方园林则是意境上的整体。

（1）西方

在古典主义以前，西方园林中的植物、水体、路径形同建筑体一样规整有秩，作为建筑与自然的过渡部分，与主体建筑和外部的自然环境相融合，以满足人们户外生活的空间需求。这种空间整体性的模式在意大利园林中开始发展成为一套较为独立的园林空间的设计体系。

在意大利园林中，处于空间过渡环节的花园，在形式上就具备了建筑性与自然性双重的特征，因此，按照西方习以惯常的对待自然的方式就是用数理的表达方式使得自然要素体现出设计的规整性，呈现在造园形式上就是用几何形对自然材料进行概括与梳理。正如杰里科（Geoffery Jellicoe）评价说："自然的不规则性可以是美丽而妥协的，房屋的规则性也一样；但如果把这两者放在一起而没有折中妥协，那么二者的魅力就会因为尖锐的对比而丧失。”“设计一座花园，最重要的就是推敲这二者的关系。”[1]这种过渡，其实就是花园。在意大利园林中整体结构越靠近建筑的部分，园林的建筑感越强，随着距离的增大而越来越弱，在园林的边界部分会出现一些自然形态的树木与树丛，以此来与外界相呼应，这也是为什么西方古典园林的花园少有花卉多绿色植物的原因。植物、水体以及路径基本构筑了园林的空间骨架，而石作主要是以雕塑或者大型的洞窟形式点缀空间。意大利园林的空间简明扼要，以中心轴对称的方式布置园林整体，同时结合竖向上的高度落差，进行了台地式的层级设计。严整对称的手法，以纵横交错的轴线进行空间划分，明显的主轴线，形成主次分明的空间格局。府邸建筑大多位于中轴线上，或对称排列在中轴两侧，也有位于庄园横轴上的。早期的庄园中还没有贯穿各台层的轴线，中期的庄园开始出现一条明显的主轴线，贯穿全园；后期的巴洛克式庄园中轴线的感觉更加强烈，并出现放射状的轴线形式。这种园林秩序的布局方式在法国唯理主义哲学下表达得更为彻底。

法国古典主义园林布局中的核心就是轴线（axe）。以建筑为起始，轴线即为景观序列的展开线，植物以各类形式为轴线的空间效果服务：花坛（parterre）、绿毯（tapis-vert）、林荫路（all é e）、林荫大道（avenue）、丛林或丛林园（bosquet）以及修剪植物（taill-e des arbres）。植物成为了完全的整形建筑材料，并结合着水体形式的运河（canal）、水池（bassin）、水镜面（miroire）、喷泉（fontaine）、池或湖（pi è ce d' eau）、跌水与瀑布等共同构成了法国古典园林严整的空间格局。石作雕像与喷泉雕像的处理也是沿袭规整对称的方式布置。值得一提的是，在法国的古典主义园林中，尤其是勒诺特尔式园林中的竖向设计，为了突出神圣而庄严的气氛，基本上园中的主轴线都是垂直等高线设计的，主体建筑则布置在高处，因此，在相当大的空间里，这种竖向上的高差使得建筑处于至高无上的地位，观者能够对园中的景色尽收眼底。这种广垠的园林空间最终“消失”在远处的自然中，这时的园林已经不再是建筑物的附属品了。

从意大利文艺复兴到法国古典主义的园林设计都有着明显的延承与发展，这种规整的秩序性反映到自然中来一方面有着政治体制的催化，但最为重要的仍是理性哲学思维主导的自然观。它们力求表现出自然本源内在的和谐与规律，同时也要表征出作为人类战胜自然的尊严与特有的优雅，这种思维的空间化实现便是16世纪法国的“伟大风格”。

1　陈志华．北窗集．北京：中国建筑工业出版社，1992．

图 3-6　法国凡尔赛宫鸟瞰，轴线以其恢宏的气势伸向城市，使得空间无限深远，与城市融为一体。法国十六世纪古典主义的“伟大风格”

西方三大风格的最后一个类别则是英国的风景园，在对形式问题的无数纷争中，英国的自然风景园林被誉为欧洲造园历史上“华丽的转身”，很多声音认为英国的风景园是“自然主义”原理下的产物，是与中国大陆交流下产生的东西混血儿……在这里，笔者并非要界定这两种所谓“风格”的异同，孰好孰坏。我们要注意的是：在17世纪的英国，虽然完成了工业革命的社会制度的转变，然而人们的思维层面仍旧还处于相当混沌的状态，即便到了18世纪，这种理性的思维方式仍有着极大的影响力，但是这一时期英国的浪漫主义以及后期的伤感主义盛行，以洛克为代表的人类哲学慢慢取缔了古典主义的影响，他更加强调精神体验的需求，园林开始向感性方向发展。18世纪的园林经历了不规则造园时期、自然式风景园时期、牧场式风景园时期、绘画式风景园时期、园艺式风景园时期五个阶段[1]。主要是幻想的、再集合、反应的场所，因此园林景观对造园要素进行了形式上的转变，布局由方整走向自由，园林设计师开始关注人类活动与自然环境的关系，更多关注自然形式的多变来赋予自然更多的真实感，植物与水体更加自然化，自然曲线替代了平直几何形边线，同时在园林中融入了大量的彩色花卉。建筑形式也更加多样，甚至在园景中刻意体现古风建筑，即为残留下来的古代建筑的废墟，认为这样的建筑以其剥落的斑驳建筑轮廓，可以提升精致的想象力，其他若干非实用性的建筑物经常成为风景环境中的点景之物。此外，园林设计师注重四时中光影对自然环境的影响，因此园林则随着季节和气候、

1　朱建宁．西方园林史．北京：中国林业出版社，2008．

天气的不同，景象变化万千。对于如此多的形式变换，英国的风景园确实是在英国的资本主义国家的土地上建立的本土风格园林式样。但是，在空间表达的园林本质方面并未有实质上的转变。

作为欧洲文化体系的一部分，曾经受意大利文艺复兴园林以及法国古典主义园林影响的英国，园林对于人们生活模式的作用未发生改变，人们对园林的认知仍旧是户外生活的一处天然场地，是王权贵族们开展舞会、戏剧、骑马以及庆典等活动的场所，因此从使用功能角度，园林的建设还是要满足当时的贵族的娱乐生活。从建筑空间与园林空间的布置形式上分析，园林与建筑的关系一直（从意大利文艺复兴园林）是以建筑为中心，以植物和路径所形成室外空间，最后融入周围自然环境中去。园林的空间模式始终是外向型的，同时建筑的规模远远小于园林中的种植规模。欧洲的园林总是以真实比例的植物山水与自然相容为一体。不论意大利、法国还是英国一直是处于统一的思维体系中，它们在不同时期都有着连续的文化交流，而且这三大造园风格相继出现，从历史学角度，仍有着时间上的连贯性。

由此可见，意大利文艺复兴、法国古典主义以及英国浪漫主义这三大园林有着一定的传承性，并同构于欧洲文化体系。从中我们可以看到造园要素对于空间类型的塑造有着极其重要的作用。造园整体布局以及元素的个体形式与场地以不同方式进行融合，共同表达了不同地域、不同历史时期人们相异的理性哲学观念与自然情感。

（2）东方

以中国为代表的东方园林概括来说是以植物、水体、石作、建筑和路径创造一所意境空间，而意境即可称之为东方古典园林设计的逻辑。“意境”一词最早见于唐代的王昌龄在《诗格》中将诗作分为“物境”、“情境”和“意境”，作为文学评论的内容中，“物境”即客观的景象之境，“情境”即主观的感情之境，“意境”则是客观物境与主观情境融合一体。而画论中，第一次完整用意境一词却是清初笪重光[1]的《画筌》：“绘法多门，诸不具论，其天怀意境之合，笔墨气韵之微，于兹编可会通焉”。意境所要探讨的就是艺术创作过程中主客体统一的问题，创作主体主观意念和画面表现的关系问题。李泽厚先生在《意境杂谈》一文中这样界定：“意境，有如典型一样，如加以剖析，就包含着两个方面：生活形象的客观反映和艺术家情思理想的主观创造。为简单明了起见，我们姑且把前

1　笪重光，清朝画家，字在辛（1623—1692），号江上外史，自称郁冈扫叶道人，晚年居茅山学道改名传光、蟾光，亦署逸光，号奉真、始青道人。传世作品有顺治十七年作《松溪清话图》，图录于《神州国光集》；康熙二十五年（1686）作《柳阴钓船图》轴。著有《书筏》、《画筌》。

图 3-7 （宋）郭熙《早春图》（现藏台北故宫博物院）
郭熙的山水画论著《林泉高致》，就已提到“高远”、“深远”、“平远”的所谓“三远”，而他的《早春图》则综合体现了传统山水的创作理念

者叫做境的方面，后者叫做意的方面。意境是在这两方面有机统一中所反映出来的客观生活的本质真实。”意境是中国传统文化中所独有的称谓，这在西方文化中是没有的。

意境本身就强调着对象收摄的全息性、共时性、整体性，不能把整体性的知觉看作是各个单独感觉元素的聚合。因此，对于中国传统的造园要素，也是万万不可割裂来看的。中国的传统哲学下派生的美学思想就有着未来科学中所探讨的“系统性”特征。在今天看来，系统性的考察抑或研究是无法对构成系统的部分进行单独研究的，组成系统的个体呈现出一种整体性状的自组织性，而此种自组织正是个体关联的方式。对于中国传统园林的意境更是对园中构成要素一统而成的感官需求。中国人在文化和艺术的审美中，始终坚持了五觉合通的原则。它使得中国古代艺术作品所追求的“意”，和西方美学中的“意义”大相径庭，更多地带有感性内容，是一个微妙、广阔和动态的心理世界，是可感而不可言传的情境与状态。

中国古典园林中的造园是画意与诗性的结合，在《园冶》中，曾多次提及画意的做法，“合乔木参差山腰，盘根嵌石，宛若画意”，“梧荫匝地，槐荫当庭；插柳沿堤，栽梅绕屋；结茅竹里，浚一派之长源；障锦山屏，列千寻之耸翠，虽由人作，宛自天开。”中国古典园林中的意境常常由匾联的题词来破题，这种形式就好比画作中的题跋，使人浮想联翩，深入情景。

中国传统园林中的山石（石作）、水体、花木与建筑是互为依附、情景相生的关系。山石处于园中或立于墙边，或屹立厅前或处于水畔，时而作为组群成为空间上的分隔（借以形成更为细小的空间），总体而言多四面可观，方可入园，《园冶》载："峭壁山者，靠壁理也。借以粉壁为纸，以石为绘也。理者相石皴纹，仿古入笔，植黄山松柏、古梅、美竹，收之圆窗，宛然镜游也。"对于理水，面积宏大的水体多见皇家苑囿，取描摹蓬莱三岛的意境；其他古典文人园中多见化整为零的方法把水面分割成若干相通的小块，目的是使水的来去无源流而产生隐约迷离和不可穷尽的幻觉，在场地面积较大的园中更可塑造深邃藏幽之感，而水体在园林的总体部分中常常占据较大的规模（尤在南方）也是连接空间序列的一种手段。花木则是主要作为园中景致的主题，同时也满足视觉外，听觉、嗅觉等其他感官。例如：万壑松风、青枫绿屿、曲水荷香等，同时植物作为四时之景的更迭，更为园中的诗境增添色彩。此外，植物的形态各异，或孤植或群植形成如画之景，同时也可丰富园中的空间层次，加大景深；有时也作为建筑或其他不可动物体的遮蔽物，花木经常成为园中实体构筑的虚景而丰富或弥补景观画面的不足[1]。

中国古典园林的意境是园林的终极追求，它不是可以分说的一种感受，而这种感受却是一个园林整体呈现的世界。如格式塔心理学理论显示："有机体并不是凭借局部的各自独立的事件来对局部的刺激发生反应的，反之，乃是凭借一种整体性的过程来对一个现实的刺激丛进行反应的，这种整体性的过程，作为一个机能的整体乃是有机体对整个情境的反应。"[2]

中国的古典园林即是如此。

3.3 古典园林的社会学嬗变

园林的社会维度的革新与嬗变最早源于欧洲，始发于英国并逐步扩展到欧洲大陆。其中以资本主义社会制度的变革为始点，从而影响到城市领域的其他方面。以政治革新为前提所带来的一系列社会科学、自然

1　周维权．中国古典园林史（第二版）．北京：清华大学出版社，1999：101．

2　庄岳．数典宁须述古则，行时偶以志今游——中国古代园林创作的解释学传统．天津：天津大学博士学位论文2006：104．

科学以及人文科学的发展，使得园林公众化。马克思主义的自然哲学的发展使得人与自然关系上升到环境伦理层面，由此，以歌颂君权和贵族生活的古典园林淡出了历史的舞台，而面临着使用人群的变换以及自然环境恶化的客观事实，城市公共园林最初作为平衡都市空间的产物，在造园手法上处于一种由“私有”到“公共”的转变过程中，因此产生了19世纪的折中主义风格的园林设计。古典造园手法与大众化的公共需求的矛盾最终导致了大众化城市公共园林的出现，园林设计中出现了美学决定论转向提高生存环境质量为目的的功能性需求。

古典园林社会维度的转变对于东方的中国而言要相对滞缓得多。中国的近代公园的公共开放最初是在西风东渐的思潮下影响中国的北京、上海等地，但由于中国的政治体制与西方不同，没有经历资本主义制度的冲击，有的只是连年的战乱及清政府财政的窘迫，同时中国近代历史没有欧洲国家的工业文明的环境重创，所以在近现代时期，中国的造园一直处于封建社会思想与政治残余的社会大背景之下，对于现代城市公园的设计理念的形成过程基本没有参与和影响。周维权先生认为园林的变迁与发展受制于两方面的影响：社会制度与意识形态。然而，19世纪的中国在任何一方面都缺乏先进条件的促进，中国近代的园林建设实际上也是沿着中国古典园林的造园脉络进行的，并没有着手法上的实质改变，整个的教育模式采取着苏联学院派的统一模式，直到20世纪80年代，中国开启了现代风景园林教育，开始了与欧美现代主义设计理念的交流。

因此，对于古典园林的公共性转变，主要是发生在西方国家，对于风景园林的发展历程而言，在现代主义风行的西方，不论从思维体系上，还是实践体系上都有着较为完整的体系构建。它们经历着历史并创造着历史，同时也成为了当今风景园林设计的强势文化展现在我们面前。西方的风景园林设计经历了资本主义制度下的完整蜕变，以大众生存需求为出发点建造的城市公共园林建设以社会维度的变革为先导，影响到风景园林景观的设计手法，同时在工业城市发展日趋完整化的过程中，赋予了风景园林设计的城市关系内涵。

3.3.1 社会制度变革

英国是最早爆发资产阶级革命，也是最早进行工业革命的国家。英国的工业革命始于1760年，到1830~1840年前后已基本完成。1848年欧洲爆发了资产阶级革命，这个平民与贵族之间的抗争，发起于意大利的西西里岛，除了俄国、西班牙及少数北欧国家外，波及了近乎所有的欧洲国家。而早期的工业化首先在英国与法国完成，然后在德国以及其他19

世纪工业国家的大城市完成。在19世纪下半叶的欧洲各国工业化过程中，工业资产阶级和工人阶级从过去的利益关联体，逐渐演变为对立的阶级。工业革命中，机械大工业逐渐代替了手工业生产，工人却由生产的主体沦为机器的附属品。资本家为谋取最大利润，总是千方百计增加工时，提高劳动强度，降低工资，甚至雇佣妇女儿童而且给予较低的工资。但是，资本家却不能给予工人必要的劳动安全保障，劳动环境恶劣，工伤事故不断，严重危害工人的身体健康和人身安全。

在对城市现象的评价过程中，如下见解最具代表性：在城市尤其在大城市中，每种社会结构都将消亡，现代工业文明的全部杂乱无章因而广泛蔓延。对腐败没落文化持批评态度的批评家，比如从约翰·拉斯金（John Ruskin）到刘易斯·芒福德和其他现代文化批评家，都经常重复这个观点。“诗人里尔克（Rilkc，1875—1926）也断言，城市因缺乏结构最后会走向灭亡，即便他承认没有城市的文明是不可想象的”[1]。其中以英国的状况最为突出，公共空间的缺乏极大地影响了居民的健康，瘟疫猖獗，疾病横行且传播迅速、死亡率高。仅1831年的一场霍乱，就肆虐了431个城市，3万人为此丧生。高昂的生命代价使人们开始关注公共空间与大众健康之间的关系。于是，19世纪30年代，英国任命了皇家委员会来调查处理公共空间问题。该委员会的任务是考虑最佳的方式，保留城镇人口密集地附近的开敞地作为公共散步和锻炼之所，以提高居民的身体健康与生活舒适。1833年，皇家委员会提出报告：城市的现状不佳，需要进行大规模的公共空间建设，建议由私营业主负责具体的建设工作，由政府给予必要的支持。据此1835年，议会通过了“私人法令”，允许在任何一个大多数纳税人要求建公园的城镇建立公共园林。1838年要求在所有未来的圈地中，必须留出足够的开敞空间，“足够为当地居民的锻炼和娱乐之用”。1859年，通过《娱乐地法》允许地方当局为建设公园而征收地方税。介于全英上下达成共识，英国开始了城市的公共造园运动。

此后，西方传统的服务于社会上流贵族和富豪的园林开始了大众化的转变。随着工业化进程的加快，政治的革新对权力结构的瓦解，具有完整现代含义的城市公园的概念于19世纪末在欧洲产生。城市的发展要和它的公共空间发展相并行，这适于社会发展的事实与规律。一项基于工艺的分析说明：“工业革命导致了文明新时期的诞生，从而影响了社会及城市人们生活的各个方面。”蒙·劳里（M.Laurie）在他的《19世纪自然与城市规划》一书里曾痛斥了现代城市中爆炸性的人口增长、城市超大规模的扩张、人与自然环境日趋疏远以及由经济利益确定的政策

1 ［德］迪特马尔·赖因博恩. 19世纪与20世纪的城市规划. 北京：中国建筑工业出版社，2009：23.

所导致的生态危机等冲突，并在文中首次研究并提出城市公园的现代概念——作为工业城市中的一种自然回归。所以说，大众城市公园的出现不仅从物质的生活角度为城市中的人缓解了生存空间的恶劣状况，更重要的是它的出现在人类精神认识层面打破了牢固已久的阶级概念。

3.3.2 城市规模扩张

19世纪以前的欧洲，城市或城镇的各种活动大致平衡。当资本主义冲入主流社会，并以工业机器大生产的无限利润的追求为最终目标的时候，贵族便让位给资本家，国家整个演变成了硝烟弥漫的工业战场。城镇的规模早已被涌入城市的工人所充斥，在这一时期英国伦敦的城市人口从1800年的100万发展到670万。英国除了当时以伦敦为中心的东南部经济发达地区外，又出现了曼彻斯特、伯明翰、利物浦等新型工业中心。18世纪中叶英国开始工业革命后，大量农村人口向城市迁移，工商业城市人口剧增。到1881年，英国已有26个城市人口超过10万。1801年英国城市人口为150万，到1891年已达1560万。城市人口占总人口比例，从1801年的17%增加到1891年的54%[1]。法国在19世纪政权更替不休，然而并没有阻止工业革命的步伐。从1835至1844年间，法国的工业增长超过30%。工业革命促进了城市经济的发展，导致大量农村人口涌进城市。到1801年，巴黎市区的人口约在54.7万。然而在随后的50 年间，市区人口几乎翻了一番，成为人口近百万的大都市。在1831至1836年，以及1841至1846年期间，巴黎人口的增长尤为迅速。此外，从巴黎工人的构成来看，在1780至1819年间，产业工人只占工人总数的27%，在1820到1879年间，这一比重扩大到43%。

19世纪对于美国而言更是一个突进的世纪。百年中，美国由一个偏安于大西洋沿岸的蕞尔小国迅速膨胀为一个濒临两洋的世界强国。美国在机器制造业和纺织工业方面基本实现工业化，并建立独立的工业体系；内战后，随着铁路的广泛铺设，形成全国统一的市场，1894年工业产值居世界第一位。20世纪初实现了工业化，工业化带动了城市的发展，到1920年基本实现城市化。同样的，以殖民为主体形式的国家，并以迅猛的工业化速度进行着国家的资本主义改写，同样的，环境问题成了所有资本主义国家的问题。

城市扩张带来的直接影响就是城市环境的恶化。一方面，由于流行于19世纪欧洲的功利主义放任自流的哲学态度。在达尔文进化论的影响

---

1 Makay Hill Buckler, A History of Western Society, Fifth Edition, Volume C , Houghton Mifflin Company, 1995, p796.

图 3-8　19 世纪英国城市扩张的曼彻斯特景观（威廉·怀尔德，1851）

下，一个简单思想为当权人尊崇：自然界的生存竞争，无计划地发展，进化出新的物种，正如人类在耕作养殖业中，有计划地生产出新的品种。芒福德概括得好："混乱是无需事先规划的"。[1]另一方面，秩序力量的机械自然观在这一时期得到了空前的肯定，使得城市所侵蚀的部分自然环境却已经到达临界的边缘，森林的摧毁，山体的开掘，土壤的破坏，水体的污染，大气的浑浊……19世纪末从"陋巷"开始的流行性霍乱甚至威胁到了纽约的安全。梁启超访美回忆中把城市化水平最高的纽约描述为："天下最繁盛者莫如纽约，天下最黑暗者殆亦莫如纽约"。[2]于是，城市公共空间的卫生开始得到欧洲各国的重视，以法国巴黎的城市公共空间改写最为成功，城市公共园林也是在这一时期开始赋予了社会学以及自然科学的内涵，然而对于城市整体来讲，城市公共园林仅仅是为了"平衡都市空间"结构的自然替代品。

3.3.3　启蒙主义的美学自然观

继法国新古典主义之后对理性的平民化升级，从意大利文艺复兴的人文主义，到法国的新古典主义，终于启蒙主义思想以"自由、平等、博爱"的主题为真正生活在社会中的广大人民宣扬的平等理性，这种理性终于从天堂走向活生生的世界。黑格尔界定启蒙时说"认识理性法则

1　［美］路易斯·芒福德. 城市发展史——起源、演变和前景. 宋俊岭，倪文彦译. 北京：中国建筑工业出版社，2000：467.

2　梁启超. 新大陆游记. 长沙：湖南人民出版社，1981：44.

的合法性称之为启蒙”[1]。在启蒙主义出现的早期，启蒙主义代表着欧洲反封建的运动，矛头指向的是封建阶级。但事实上启蒙主义体现和倡导的民主思想是针对一切压迫和一切不平等的制度。它的精神核心是对于平等的要求，这种精神要素在欧洲资本主义的工业化社会中已经远远超越了启蒙主义盛行时代。它在19世纪下半叶的欧洲体现的是一种平等理性，甚至是一种平民理性。

在启蒙思想家的观念中，人是自然的产物，受制于自然法则，人的精神取决于人的生理心理，而人的生理心理又同他的健康状况、物质需求满足情况有关，那么就可以通过科学革命、技术进步和社会发展改善人的心理素质。另一方面，人是环境的产物，或者说人受制于他所处的环境，这个环境既包括自然环境，也包括社会，因而要改变人性，使人类文明幸福，就必须改变环境，创造社会[2]。

对于自然的认知与态度，人们早在启蒙运动时期就已经发现在自然与社会、城市与乡村之间存在的精神上的悖论和文化上的互补，决定了居住环境中自我封闭的休憩空间和外向开敞的交流空间之间的比重变化。在19世纪的城市风景园林师将乡村引入城市改造工程之前，乡村就被英国风景园林师看作是隐喻的风景或如画的园林，对城市发展产生过积极影响。18世纪中叶之后，随着人们对城市过度膨胀并远离自然从而破坏了世界原有秩序的责难日益增加，19世纪下半叶的园林设计师再次以自然的手法将大自然引入城市，并使城市与真正的大自然保持一定的距离。由园林设计师创造的“原始景观”，将新城与旧城，不断更新的市民生活方式，以及已成为饰物的古迹所讲述的历史融合在一起，形成一种城市中前所未有的场所。文学和戏剧家克拉莱蒂（Jules Claretie,1840—1913）认为：从科贝尔最早在城市道路上种植行道树，到阿尔方构建的城市“林荫道系统”，反映出园林艺术的发展是从简单地适应到广泛地开发，是从生物学及形而上学的阶段发展到工艺化阶段。

在19世纪中叶盛行于当时欧洲社会中的两大美学[3]学派：英国经验派和德国理性派，分别代表着理性与感性的两大分支。在欧洲的近代史上作为一种交融而存在。启蒙主义的美学观对于自然也表现出理性与感性交织的设计美学风格，园林的设计手法上表现为折中主义的风格设计。折中主义设计最大的空间特点就是围合封闭与开敞渗透的交融。园林的

1 黑格尔．历史哲学．上海：上海书店出版社，2006：70．

2 孙施文．现代城市规划理论．北京：中国建筑工业出版社，2007：71．

3 鲍姆嘉登在1735年首次提出“美学”（Aesthetic）的概念，使美学成为独立的学科，其内涵即为“感性学”“感性认识本身的完善”，这就在逻辑学（真的探讨）、伦理学（善的探讨）之外，确定了一门专门研究美的独立学科；而且，是在《诗学》之上。

平面中根据园林的面积、地形以及与建筑的关系等，决定采用规则式或不规则式构图，注重园林内涵的挖掘而非园林形式本身；无论何种形式，都强调自然景观特征，构成园林景色的自然主题。规则式园林突出植物的自然美，不规则式园林则是源于自然而高于自然。强调以植物学为基础的植物造景，将浪漫主义色彩与科学主义趋势相结合。充分显现出感性与理性的交融。

19世纪后期法国造园界领军人物爱德华·安德烈（Edouard Andr é，1840—1922），在英国利物浦塞弗顿公园（Sefton Park）的设计作品较少受到当时流行的形式主义的影响，更加关注如何使园林与所在的环境相适应，并显示出十分精细的设计手法。有评价安德烈的设计说："在与风景式造园运动紧密相连的同时，也采用了一些规则式园林的造园手法，在园林中布置花卉花坛，表明他在其他探索者之前就走向了规则式园林的革新运动"。安德烈认为，"我们正处于一个要净化公众兴趣的时代。在这个时代中，最好的园林创作应该是艺术与自然、建筑与风景的紧密结合，在公园中的宫殿、城堡、纪念性建筑四周，应根据建筑和几何的规则来处理，并逐渐向远处过渡，自然景色在远处才能起统帅作用，这是未来的造园家们要努力做到的。"安德烈又回到了园林是建筑与自然之间过渡空间的观点，表明折中式园林此时正在渐渐兴起。

3.4 大众城市公共园林的出现

19世纪，欧洲出现了以英国、法国为中心的公共园林的造园热潮，并最终以美国奥姆斯特德的纽约中央公园（Central Park）为代表成为近代城市公园运动的开端，标志着城市公共园林作为服务普通大众的大型公共景观，造成了园林设计的历史性变革，开始走向了以美国为代表的大型人造景观的公共项目设计。

19世纪30年代，英国任命了皇家委员会来调查处理公共空间问题。1859年，通过的《娱乐地法》使英国在欧洲最先开起了城市公共的造园运动。1844年，由约瑟夫·帕克斯顿（Joseph Paxton，1803—1865）设计的利物浦伯肯海德公园（Birkenhead Park）是"私人法令"颁布后，根据法令兴建的第一座公园，也是世界造园史上第一座真正意义上的城市公园。这座公园在1977年被英国政府确立为历史保护区（Conservation Area）。除了各地新建的城市公园外，过去的许多私家园林也向公众开放，或者改造成城市公园。伦敦著名的皇家园林，如海德公园（Hyde Park）、肯辛顿园（Kensington Garden）、绿园（Green Park）和圣·詹姆斯园（St. James's Park）等，都变成对公众开放的城市公园。这些昔日的皇家园林占据着城市中心区最好的地段，十分便利于市民的日常活动，同时由于这些园林规模宏大，占地面积共计480余公顷，而且几乎连成一片，成为城市公园群，对城市环境的改善起到重要作用。1889年时，伦敦的公园总面积达到了1074公顷，10年后又增加到1483公顷。英国城市公园发展的速度之快，由此可见一斑。

19世纪下半叶，法国巴黎开始了最具有现代意义的城市空间的改写，改写后的法国巴黎形成了如今巴黎的最终风貌。时任塞纳省省长豪斯曼历经了37年，对中世纪巴黎的城市格局进行了彻底的改写：豪斯曼重新规划了巴黎的道路系统，拆毁了大片传统街区，他创造性地在主要大街两侧栽植了高大成片的行道树，使巴黎的林荫人道成为后来世界所有首都和大都市道路建设的楷模。在重要街道的节点处，设立公众广场，安装路灯、坐凳和其他的街道基础设施；在局部的公共空间都设置了大量的街头绿地和市民散步休憩的小型游园，而且还出现了街头雕塑，他对道路宽度与两旁建筑物的高度都规定了一定的比例，屋顶坡度也有定制。此外他还注重建筑与环境、单体建筑与群众建筑的整体关系，从而重新塑造了巴黎的现代都市性格：公众的社会参与性。也是在这一时期，豪斯曼扩大和重建了肖蒙山丘公园（Park de Buttes Chaumouts），新建了蒙苏里公园（Park Montsourie）和蒙梭公园（Parc Monceau）。还有保留资源地景开辟出来的大型森林公园：布洛涅林园（Bois de Boulogne）、万森纳林园（bois de Vincennes）。这样一来，巴黎东西郊区的城市绿地面积扩展至市中心，并与城市街道、街心花园以及公园有机整合成一体，构成巴黎最早的系统性的绿地空间格局。

美国的城市公共园林建设是以纽约中央公园为标志的，其后又相继设计完成了布鲁克林的前景公园（Prospect Park）、富兰克林公园（Franklin Park）、晨曦公园（Morningside Park）以及华盛顿公共广场包括国会广场（U.S. Capitol Grounds, Washington, D.C）和拉法耶特广场（Lafayette Square）等。它是对19世纪美国进行城市化最为创新和最为持久的回应，从而形成了奥姆斯特德式公园（Olmstedian Park）。此外，奥姆斯特德对城市公园的设计理论延伸至林荫道（Parkway）和公园系统（Park System），奥姆斯特德设计完成了布鲁克林的东部与海洋公园道、布法罗的洪堡和林肯、比德韦尔和沙潘公园道（Humboldt and Lincoln, Bidwell and Chapin Parkways，1870）、芝加哥的德雷克塞尔林荫大道（Drexel Boulevard）、马丁·路德·金车道（Martin Luther King Drive，1871）、波士顿的比肯大街（Beacon Street，1886）、联邦大街（Commonwealth Avenue，1886）以及路易斯维尔的南部林荫道（Southern Parkway，1892）等公园道项目和翡翠项链（Emerald Necklace，1881）的城市公园系统。为此，奥姆斯特德是城市美化运动最为伟大的倡导者之

图 3-9　法国巴黎 19 世纪城市改造后的紧邻塞纳河沃利沃大街

一，是战后美国最为重要的一位风景园林建筑师，也是长久以来公认的美国风景园林学的奠基人。他把城市公园的设计理念系统化，使得城市与公园在规划体系上开始有了对话。美国在奥姆斯特德以后发展了大量的城市公园系统（City Park System），如明尼苏达双城城市公园系统、奥马哈城市公园系统、圣路易城市公园系统、旧金山城市公园系统等。

美国的城市公园以及城市公园系统建设，给人们的都市生活带来了自然的气息，更是社会进步、民主与公正意识的集中体现。城市公园可以反映出社会物质文明程度，是消除城市拥挤和重新分配财富的手段。公园不再与城市割裂开来，而成为社会伦理和意识形态的集中体现，是文明生活的一部分，并与城市生活紧密结合。

大众城市公共园林的出现是一个社会发展进程中的历史性产物，它是西方资本主义社会制度的城市化进程的伴生物。马克思的唯物主义自然观强调人与自然的历史性融合，对于当时的资本物质社会是一个相当超前的概念，人们对自然的唯物主义理解是进入到20世纪才慢慢映射到风景园林的设计领域的。哲学中称为“环境伦理”，在可实践科学中称为“景观生态学”，并以麦克哈格的《设计结合自然》的著作把其生态环境的意识注入风景园林的实践规划中。那么在19世纪这一历史阶段，城市公共园林以林荫道、街头绿地、小游园、大型公园和森林公园的类型纳入城市体系中，特别像法国巴黎，建立了点、线、面系统性的城市公共园林，并以美国的城市公园系统达到了近代城市公共园林设计的顶峰，为美国未来的城市美化运动（The City Beautiful Movement）奠定了实践与理论的基础，大型城市公园的创建努力使人们认识到可以决定城市发展的节奏和方向，同时也正式开启了城市公共园林建设的时代新纪元。正如周维权先生所言："园林的现代化启蒙完成之时，也就是非古典的中国园林体系确立之日"。[1]这样的历史过程已被西方的现代主义园林得以验证。

1 周维权. 中国古典园林史. 北京：清华大学出版社，1999：598.

4 城市公共园林的设计自然观流变

4.1 19世纪下半叶城市公园的初期探索：平衡都市空间

19世纪的欧洲作为世界政治变革的中心，新锐力量的资本主义制度开始在欧洲建立。社会体系的变革带给人类最大的冲击就是工业化城市的迅猛发展与扩张，伴随工业化进程的不断深入所产生的城市问题，为城市公园的产生提供了社会需求。19世纪的城市公园运动是一个“自然发生”的过程，就是哈耶克（F A Hayek）所说的“自发秩序”。这个过程是由两个方面的力量共同作用而成：一是资本主义工业发展的迫切需要，二是国家由资本主义发展的内在不平等所导致的矛盾、生存危机。19世纪的城市公园是作为“平衡都市空间”的绿色填充物，公园的设计手法仍旧沿袭了英国如画风景（picturesque）的描摹，包括后期所出现的“折中主义”园林。

图 4-1 19世纪英国建造的第一个城市公共园林——利物浦伯肯海德公园

在城市公园的设计实践方面，这一时期的城市公共园林与工业化之前的府邸园林相差无几，整体风格与建造模式仍旧以营造如画风景为目的。这种在园中布置的什么都有一点的折中主义倾向就是这一时期城市公园的特征写照。然而19世纪城市公园的重要意义并非在于园林空间手法的塑造以及美学内涵的表达，而是以风景园林的思维方式对城市空间布局的引导及其对人类生存环境空间改善的社会意义。19世纪的城市公园运动目的是要把自然的风景引入城市，强调城市空间组织和布局在创造健康环境之时体现出美学特质。法国巴黎的城市空间改造实质就是用风景园林的设计思路把巴黎的城市公共空间系统性展开，以向更多的行人展示园林的魅力。阿尔方用“透景”与“借景”的方式将园林与城市、城市与园林之间以视线联系起来，以植物来构筑公共空间体系并将它们装饰起来。阿尔方用园林式的语言协调了整座巴黎城市。他把园林视为城市发展和保持自然平衡必备的多功能设施。在美国，奥姆斯特德把散布在城市中的城市公共园林串联在一起形成绿地系统，开始对城市空间布局要素进行整体化安排，从而达到自然与人工，乡村与城市的平衡发展。此举为美国后来的城市美化运动做出了实践性的榜样。这种基于城市环境整体思考的系统性概念为20世纪霍华德“田园城市”理论的提出做出了意识形态的铺垫。

这一时期的城市公园有着显著的社会学特性，这也正是城市公园进入资本主义工业社会所具有的第一属性。奥姆斯特德认为城市公园可以代替过去的宗教场所，成为社区居民精神活动的中心。公园为人们提供轻松愉快的生活方式的可能，也有利于重振已经失去的社区凝聚力。公园被看作是社会公正和民主意识的表现，认为公园是教育和培养公众社会责任感的工具。公园建设是社会文明进步的标志，是消除城市拥挤和重新分配财富的手段，应成为社会伦理和意识形态的集中体现。奥姆斯特德坚信，在城市中重新发现自然的价值是不可或缺的，自然环境不仅是获得更有效和更健康的生活的保障，也是重新创造和谐社会的手段。

19世纪的城市公园从宫廷府邸的私园转化而来，以中产阶级为主要的使用人群，目的是满足该类人群娱乐性、赏析性、交流性的生活需要，因此，公园内往往充斥着大量的人工设施。在英国曼彻斯特的菲力普公园（Philips Park Cemetery）、皇后公园（Queen’s Park）中甚至还设计有体育馆、射击场、九柱球馆等公共娱乐场所，设计的公园方案要求具有公共性，考虑能够容纳大规模的列队，因此园内修建了大面积的休息室、长凳等，最后还带有羽毛球场、跷跷板、爬梯和其他游艺设施。

图 4-2 英国曼彻斯特的皇后公园

从城市的公共性来看，城市公园出现是具备深刻的社会学意义的。它们是中产阶级和上班族面对机器时代城市压力的解毒剂，也是日益增长的休闲需求的机械化影响之一。因此，它的功能不同于私家的府邸园林，很多公共性设施不得作为必需的附加品加入进来。对于园林的设计者或造园家而言，他们对于园林的认识还更多地停留在过去的造园时代，面对如此庞大的使用人群，在园林的整体把握上就不是那么的精准和游刃有余，过去入画式的风景创作模式与承载大量工薪阶层的市民活动形成了一种新的创作矛盾，城市公园的空间设计概念在伴随的旧的空间设计形式瓦解的同时逐步形成。

19世纪的城市公园设计是一个绝对意义上的折中主义设计。体现出设计的美学指向与现实需求之间的矛盾，设计在社会不断发展变化的现实生活和飞速发展的科学技术中寻找文化的延续性，手法上鼓励复古主义，多以法国和意大利的新古典主义理念为借鉴。在园林的处理手法上却避免使用直线条，欣赏派特·朗利（Batty Langley）设计采用的洛可可式曲线。

城市公园设计领域，设计师们早已认识到公园设计的功能性，然而以英国、法国以及美国为代表的实践国家仍旧无法突破旧有设计原理以及美学模式的制约。在以启蒙思想影响下的对大众文化生活民主的追求，把这种理性的光辉发扬到更为急切需要改观的城市空间格局的建设上，这便成就了现代城市规划理论的实现。这种对自然形态背后自然规律的认知以及过渡膨大并远离自然，从而破坏世界原有秩序与资本主义社会大发展的现实矛盾中，使得追求平民的、民主的启蒙主义美学特征兼有着理性与感性的交融。而这一时期的园林设计有着明显的理性与感性交叉的倾向，在具体的设计实践中表现出手法冗繁的折中主义。

4.2 20世纪初期现代主义城市公园设计：自然平衡于形式

4.2.1 现代主义运动

现代主义运动是20世纪初期，以一批建筑师、设计师和理论家开始探求20世纪新的审美观的设计运动，现代主义设计是人类设计史上最重要、最具影响力的设计活动之一。它从20世纪初期最先从意识形态发展并影响到人们生活的各个方面。王受之在《世界现代建筑史》中也强调现代主义是一个涉及哲学、心理学、美学、艺术、文学、音乐、舞蹈、诗歌等意识形态范畴的运动，它的革命性、民主性、个人性、主观性、形式主义性，都非常典型和鲜明。事实上，这是西方国家，从英国1750年工业革命开始，用了一百多年的时间完成其经济结构、社会结构后的意识形态的革新，因此，尹定邦认为现代主义对于大多数的持这一审美观的实践者来说不是一种风格，而是一种信仰。总结出来，现代主义的本质就是民主。

现代主义的设计在很大程度上是对旧势力的反对，目的是通过设计改变劳苦大众的困苦。设计在装饰、建筑、园林等领域中以前是以服务于极少数的王公权贵或者国家的行为，然而面对城市化不断深入的社会事实以及工业生产，设计改变了以往设计服务对象，时效与便捷成为当时设计的最大需求，因此现代主义以“形式服从功能”的设计口号强调出设计的理性而有秩序的现代主义设计方式。另一方面，新材料、新技术的进步使得设计拥有了更大的选择范围与更多的表现手段。这就使得千年以来设计为权贵服务的立场和原则彻底打破，在建筑领域几千年完全依附于木材、石料、砖瓦的建筑材料传统也受到冲击。设计中以建筑革命出发，影响到城市设计、园林设计、家具设计、工业产品设计、平面设计和传播设计等，形成了真正完整的现代主义设计运动。其中以德国、苏联以及荷兰为现代设计的实践先锋。俄国的构成主义运动以意识形态上的无产阶级服务为鲜明的旗帜；荷兰的“风格派[1]”运动美学原则

1　荷兰风格派是荷兰的一些画家、设计家、建筑师在1917年到1928年之间组织起来的一个松散的集体。它提倡严格的审美观，创作中用原色，包括白、灰和黑，平面和立体的造型都严格按几何式样。它的含义包括运动的独立性，是结构的组成部分，同时也有其合理性和逻辑性，它是把分散的单体组合起来的关键部件。“风格派”的关键是各种部件通过它的联系，组合成新的、有意义的、理想主义的结构。

的新探索，最后在德国的德意志“工作同盟”开始，以包豪斯设计学院的建立为高潮，集欧洲各国设计运动于大成，初步完成了现代主义运动的任务。

现代主义的设计坚持以服务大众为立场，并改变了传统手工艺时期昂贵的设计材料的制作手法。建筑实践中除了应用可以复制并大量加工的工业材料以及预制组件外，为降低成本与时代同步，现代主义设计完全取消装饰，奥地利建筑师阿道夫·路斯（Adolf Loos）在《装饰和罪恶》（*Ornament und Verbrechen*）一文中对19世纪末的西方艺术中过分装饰进行了强烈的抨击，对新美术运动背后艺术伦理的丧失表达了极大的愤恨。现代主义的建筑形式上，开始采用简单明了的立体造型和中性的黑白灰色调，同时注重表达建筑自身的结构，使其走出沉重的装饰外衣，功能至上，开始注重空间的自由而丰富的形式以及建筑空间的整体性。密斯提出的“少就是多”的设计概念，表达出设计的极端理性与情感的冷漠[1]。

4.2.2 现代主义设计的机械哲学观

现代主义的设计是强调技术与艺术的综合。19世纪欧洲的工业文明带来了新技术、新材料和新的生产方式，却没有给设计带来恰当的艺术借鉴形式，于是导致了新问题的出现：与手工生产相比，机器的批量生产带来产品艺术质量的急剧下降和消费者艺术品位的降低。于是便出现了以约翰·拉斯金（John Ruskin, 1819—1900）和威廉·莫里斯（William Morris, 1834—1896）为代表的“工艺美术”运动、“新艺术”运动和“装饰艺术”运动。运动的最终以现代主义设计的出现为终结，做到了在设计中技术和艺术二者矛盾体的完美结合，使得设计中技术与艺术达到了一种均衡，并可以归纳总结出来一套稳定的设计风格。

然而现代主义出生就有着明显的属性标签：生产。它是为了工业化的机械大生产服务的，为广大的群众普遍拥有所服务的。它的可复制性便成为适应当时需求的首要标准。因此现代主义设计中有着明显的机械主义的设计倾向。现代主义首先提倡的理念就是功能。然而在西方的传统思想中，功能主义、理性主义和机械主义的哲学观是一脉相承的。早在17世纪的欧洲，以F·培根 、T·霍布斯、J·洛克为代表的英国唯物主义者，他们在总结当时科学成就的基础上，概括了观察、实验和归纳等认识自然界的方法，并由霍布斯第一个系统地阐述了机械唯物主义的思想。而随着工业化程度的深入，这种以自然试验方法认知并征服世界

1 王受之．世界现代建筑史．北京：中国建筑工业出版社，1999：132．

的机械唯物主义观更为19世纪的哲学精神的内涵。在17世纪，笛卡尔说"动物是机器"，18世纪的拉美特里[1]甚至说"人是机器"，19世纪的柯布西耶所说的"住宅就是居住的机器"。这不是一个简单的比喻，而是一种根本的哲学观念，是一种世界观，它的影响也是至深至远的。到后来，这种观念在文学、艺术以及设计领域中，更是被赤裸裸地演绎和泛化。最后，也正是西方这种世界图景的机械化和对科学的无比推崇使得人与自然彻底分离了[2]。苏联构成主义的艺术家们叹服于工业文明的巨大成就，着迷于机械的严谨结构方式，努力寻求与工业化时代相适应的艺术语言和设计语言。从荷兰风格派和俄国构成主义设计中我们能看到，就当时而言，技术和艺术达到了最佳的结合……然而，现代主义设计所概括出来的几何形式过分追崇于机械的严谨与精确之后形式简单到无以复加的程度（国际主义风格），设计中的技术与艺术的动态平衡再次倾斜，技术在不断发展，人们的精神需要也日益多样化，当技术的发展为这种多样化的需求提供了实现的条件后，设计也就从以现代主义为主走向了多元[3]。最终，由于现代主义这种机械的崇拜压制了人类思想的发明创造力，同时也忽略了设计中情感与内涵的表达，使得功能与普通使用者脱离，设计被以多样化手法表达多元内涵空间的后现代主义所替代。

4.2.3 现代主义园林设计的实现

事实上，现代主义的机械崇拜对应到以土、石、水、植物为元素的园林设计中便显得力不从心了。这就是园林设计与建筑设计的最大不同。自然是有生命的，它并不是一个静态的实体。无论一个场地规划的边缘多么的机械与僵硬，但是场地范围内仍旧是由土壤、植物、水体所构成，这就必将与自然生态系统的动力相一致，它的形式也不可避免地要遵循成长、腐蚀和必然的有机体的衰退过程[4]。而且，这一点随着园林的规模增大就越为明显。这就是为什么现代主义建筑中机器般的精准度和现代艺术从来没有完全地对应到园林设计上的主要原因。20世纪30年代，作为当时现代主义实践先锋的美国哈佛大学设计学院，仍旧保持着巴黎学院折中主义风格的教育。一方面，我们从历史诉求上来看，"有很多人认为建筑学理论比同期的艺术理论落后15年，更有些人认为景观（园林）

1　Lamettrie，Julien Offray de,1709—1751，法国哲学家，医生，著有《心灵的自然史》、《人是机器》、《伊壁鸠鲁的体系》等。

2　吴国盛．自然的隐退——科学革命与世界图景的诞生．哈尔滨：东北林业大学出版社，1996.

3　彭觥觥．现代主义设计形成原因再认识．装饰，2003（8）.

4　［美］伊丽莎白·巴洛·罗杰斯．世界景观设计（II）：文化与建筑的历史．韩炳越，罗娟等译．北京：中国建筑工业出版社，2005：429.

理论还要落后于同期建筑学理论15年。”[1]所以正当现代主义在建筑领域沸沸扬扬之时，风景园林的设计还处于探索阶段。另一方面，其实就是对上述现象的一个解释，风景园林对新一形式的求索有着客观上的时间性，即植物的生长和工业城市的生长。植物的生长是一个动态的过程，因此对于造园要素就与建筑有着一个本质上的不同，要使园林与单纯的种植设计区分开，这种思维上的转变要远比艺术到建筑的转变缓慢得多，也困难得多。而城市的生长大多是以牺牲自然为前提的，所以对自然主义和如画般的风景园林传统的依赖就更为坚持。因为对于城市的混沌秩序而言，再没有比如同郊野自然的城市公园更具有诱惑力的风景了。所以这种对自然风景园设计方法的坚持一直到30年代末、40年代初的“哈佛革命”才有所改观。

现代主义对风景园林设计仍旧有着本质的影响，虽然反映到园林设计领域稍微滞缓了些。现代主义设计是对社会民主性的关注，这是一个社会学维度的影响。城市公园的出现首先就是对产业结构变革和民主社会的反映。在前文已经论述，城市公共园林是社会进步的文明产物，它是社会民主、公平和公正的象征之一。现代主义设计的社会学理念之一就是服务于大众。另一方面，现代主义建筑设计中对自由平面、流动空间的追求，这为园林设计中对如画风景的自然主义式设计的依赖提供了转变的前提。现代主义园林的实现终以美国哈佛设计学院中的盖瑞特·埃克博（Garrett Eckbo）、丹·凯利（Daniel Kiley）和詹姆斯·罗斯（James Rose）为代表，真正开启了园林现代主义设计的新纪元。

埃克博、凯利和罗斯在他们的理论实践中，以不同的角度表达着现代主义园林景观设计的内涵。埃克博、凯利和罗斯于1938～1941年间在《建筑实录》上发表了一系列有关风景园林变革提议与主张的文章，其中主要集中在对风景园林空间内涵表达的探索上。埃克博主要强调了园林与城市中所表现的社会性，他认为园林设计如果只考虑美观，其实就是缺乏社会合理性的奢侈品。罗斯在他的一篇名为《景观的自由》（*Freedom in the garden*）的文章中表达了这样的空间构成理念：“大地的形式随着空间的划分而生成。创造空间，而不是创造某种风格，才是景观（园林）设计的真实职责所在”。他在文中并置论述了自己的作品和密斯1924年砖的乡间别墅（brick country house），他强调连续空间的感受性，认为这是典型的不被单一的轴线所强行限制的空间[2]。凯利则以其成熟的设计作品成功演绎了现代主义园林。在米勒花园中，他应用了构建

1 ［美］马克·特雷布．现代景观——一次批判性的回顾．丁力扬译．北京：中国建筑工业出版社，2009：xii．

2 同上，第51页。

MIES VAN DER ROHE, Projecte Brick Country House Planta, 1924.

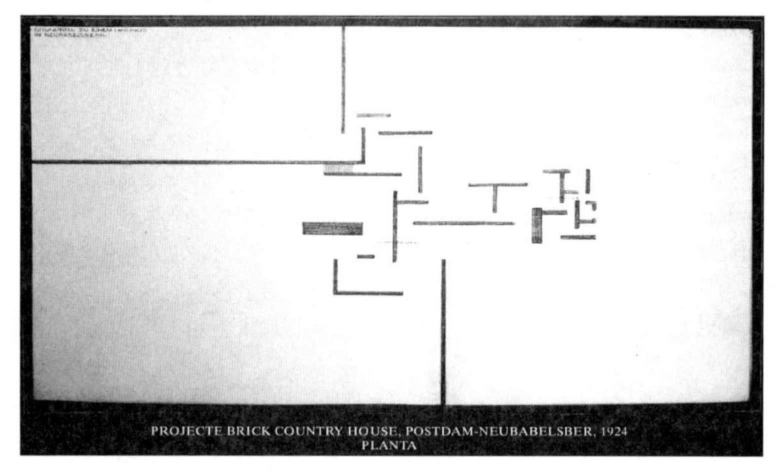

图 4–3　密斯的乡间别墅平面示意图

（construction）和种植（planting）的两种手段：一是用林荫道、篱墙和墙体营造出场地的范围空间以及空间内部多重变化；二是平面上，他以网格结构（grid structure）延续了建筑体自身的秩序，采取了类似莱特水平空间无限延伸的手法，实现了建筑与环境的空间统一。

现代主义的园林设计在美国的第一代园林设计师詹姆斯·罗斯、丹·凯利、盖瑞特·埃克博以及托马斯·丘奇（Thomas Church）等人的推动下，在20世纪的50年代走向发展的高峰，并以此推向了整个世界。现代主义的园林设计从形式、功能、构图、材料、类型以及服务对象等方面彻底改变了西方园林的设计传统。马克·特雷布（Marc Treib）在名为《现代景观设计的原则》（*Axioms for a Modern Landscape Architecture*）中综合了埃克博一些认得早期项目及文章总结了现代园林设计的几大原则[1]：

（1）对历史传统形式的否定。景观形式的表达是来自于一种理性化的社会形态，包括场地和功能这样的因素。景观设计师必须拒绝来自新古典的和自然主义的景观思想，类似的观点无论在当代社会中还是美学状态下都不太适合。

（2）对于空间而非图案的关注，产生了一种来自于当时建筑的模式。具有优先性的现代主义设计方式是在寻找一种能够超越前人的空间造型的新形式。

（3）景观设计的以人为本。

（4）消除轴线体系。这种受立体主义艺术影响的设计思维方式，力

1　同上，第62–73页。

求表达园林空间的多面性与多方位的视角及其同时性连贯的空间体验。

植物在风景园林设计中是以动态与可塑的静态双重特征出现的，在这里我们可以看到现代主义设计对自然的态度。设计中以结构性（structural）与科学性（scientific）的方式设计植物，探索着植物的自然属性与设计形式的微妙平衡。在唐纳德（C. Tunnard）的文字中就有过这样的说明："植物必须要在能够自然生长的景观设计的原则的基础之上进行使用。孤立地对植物进行使用和仅用'结构性'秩序来进行植物的应用行为可能很难得到一种现代主义景观设计的结果，而且，种植并不是景观综合体的一部分，而相互协调才是全部。"在这里，唐纳德强调建筑和园林的整体化，而不是先建筑后园林的设计模式。

在这一时期的风景园林设计师对待场地主体的自然要素仍旧是以形式为主导，表现出机械崇拜哲学特有的理念穿透力。与古典主义园林和如画式园林不同的是，现代主义园林中开始构筑拥有独立主题空间意义的室外空间，它不再依附建筑体，或者美学的画面平衡，而是真正地追求自然空间的意义表达。现代主义设计中建筑的设计思维不完全适用于园林的根源在于：植物与土壤所构筑的自然空间的生命性。这种生命的属性不是人类赋予的，而是与生俱来的，而现代主义园林设计所追求的物体静态平衡不变的形式与空间自然要素的生命性是现代主义机械自然观最大的矛盾体现。

图 4-4　米勒庄园树墙与开阔的草坪

现代主义园林设计的另一问题就是设计的空间尺度。早期现代主义园林设计实践始于较小的景观类型中：私人庭院、小型城市公共空间、校园规划等。这种小尺度园林空间设计可以抽象成几何形态的艺术空间并以此作为形式创作的基本语言。到20世纪40年代中期至60年代中期，美国风景园林的设计项目转至大尺度的规划和区域规划，公园、植物园、居住区、城市开放空间、公司和大学园区、国家公园、自然保护区等，实践尺度的扩展使得项目所要解决的设计问题越来越复杂，而纯粹的艺术性空间的构建思路无法满足实践尺度延展后的园林设计问题，传统的建筑师式的空间形式语言的设计思路便面临了前所未有的尺度挑战，这种建设的状况在战后的欧洲国家更为明显与突出。

4.3 20世纪下半叶后现代主义城市公园设计：设计多元

4.3.1 后现代主义设计

后现代主义是20世纪60年代产生于西方发达国家的文化思潮。后现代主义发轫于建筑设计，并逐渐涉及其他艺术、文学、语言、历史、政治、伦理、哲学等意识形态领域。事实上，从严格意义上说，后现代主义是无法定义的，但是对于设计领域，“后现代主义”一词用以描述现代主义内部发生的逆动。1972年7月15日圣路易市政府炸毁的普鲁蒂艾尔（Prutii-Igoe）低收入公寓为现代主义死亡的时间标志。学术界一般认为，后现代主义建筑理论是以1966年罗伯特·文丘里《建筑的复杂性和矛盾性》一文的发表为开端。

20世纪60、70年代是消费主义发展的鼎盛时期，西方社会普遍进入了经济学家称为的丰裕社会阶段。巨大的市场供应给人们以极大的消费选择，同时也刺激了人们需求的多样化。需求的层次也从单纯的生理需求扩展到更高阶段的心理需求。国际主义设计的单一化大而统的形式、简单到极致的单元重复式的建筑空间格局与人们的感情需求完全脱离，这便使得现代主义设计自身产生了风格的裂变。

所以说，后现代主义实质上是对现代主义、国际主义设计的一种装饰性的发展，是形式上的修正而非全盘的否定。连查尔斯·詹克斯（Charles Jencks）本人也评价说：“后现代主义是现代主义加上一些什么别的。”

20世纪70年代，国际主义风格走向衰败，建筑理论的发展却转向了一个更为高级的层面——文化多元。现代主义时期的单一性理论被后现代的多元选择、多元理论所取代。现代主义设计材料与结构的单纯性、忠实性、准确性、功能性的关系演变成了一成不变的僵死格局，而后现代主义的无标准统一性的多元理论却在多方面多维度地适应着这种文化与需求的多样性。因此建筑设计的本质问题被不同的建筑师和理论家分别从政治、美学、语言学、伦理学等多重角度提出质疑。

然而，后现代主义的理论方向无一例外的是以批评性先入为主的方式对现代主义进行抨击，而这种缺乏中立立场的方式使得它们来势汹汹却又短命。后现代主义以典雅、浪漫、装饰性、娱乐性、戏谑性、比喻性以及浮夸的历史折中主义建筑手法来表现并迎合大众的口味，却很少碰及建筑的本质。后现代主义更多的是对现代主义形式内容的批判，而不是对现代主义思想的挑战。现代主义的发生有着强烈的社会意识形态背景以及民主性、大众性、工业化特征的本质内涵，而来势汹汹的后现代主义却像是一个“破坏性的运动”只想到了“破”而缺乏“立”，最终成了现代主义设计中表象形式的一种突破手段，结果是让现代主义的思想立得更稳，并使其设计表现手法走向了多元[1]。

概括而言，现代主义的基本理念仍旧为当代的建筑设计所颂扬，后现代主义理论的设计不确定性成为了它设计创新的起点，也成为了它的终点。但是后现代主义最为重要的设计力量体现在对陈旧而乏味的现代设计的冲击，它是以一种接近“破坏性”的方式唤醒了设计中所对应的人们更高级的需求，设计中历史片断、符号、隐喻、媚俗、戏谑等方法仅作为后现代设计的一种手法，它更像一场“艺术革命”来宣扬现代设计的缺点，反映设计需求的多样化与多种可能。其实设计本身就是一个多解的命题，因为设计所面临的对象呈现出日趋多元的复杂性，因此那种风格划一的时代早已过去，而新时代的需求就是为使用者提供多样化的可能，使得艺术与技术归向动态平衡。

4.3.2 后现代主义的园林设计实验

在20世纪70年代，后现代主义的设计思潮也渐进地影响了园林设计领域。同样的，对后现代理论的接收与表达转至园林领域仍旧要迟于建筑。而后现代设计思潮的设计理念所强调的媒介的多变性、文化多元性、观念多样性的空间类型与特色被詹克斯总结概括为：“历史主义、直接复古主义、新地方风格、因地制宜、建筑与城市背景相和谐、隐喻和玄学

---

1 王受之. 世界现代建筑史. 北京：中国建筑工业出版社，1999：314—316.

及后现代空间。"[1]在园林设计领域，后现代主义的实践仍旧是从小尺度的场所空间开始的，并在20世纪80年代以伯纳德·屈米（Bernard Tschumi）的法国巴黎拉·维莱特公园（Parc de la Villette）为标志的后现代主义园林发展至顶峰。以彼得·沃克、玛莎·施瓦兹（martha Schwartz）以及乔治·哈格里夫斯（George hargreaves）、安德瑞·高伊策（Adriaan Geuze）、阿兰·普罗沃斯（Alain Provost）、亚历山大·谢梅道夫（Alexandre Chemetoff）等设计作品的相继出现，使得园林设计从现代主义中对美学空间决定论转变为真正意义上的服务大众，并以设计师的艺术敏锐度去引导大众园林景观的艺术品位，同时开始转向对多重空间属性与意义的表达。诸如人的感情、趣味、视觉、美感、个性等特点，重视人们对精神和心理空间的需要。设计中用一种符号性的设计语言来表达不同设计空间内涵，进而引发人们思索与联想，产生空间移情，达到情感的共鸣。从某种程度来说，后现代主义园林设计的空间处理理念与中国传统园林的"寓情于景""即景生情"的意境颇为相似。同时后现代主义中所追求的"不确定性"以及对设计二元论的抵制可以反映出西方设计思维的一种类似于东方和合思想的转变。

1979年施瓦茨在自家庭院里设计了一处占地22英尺×22英尺的面包圈花园（Bagel Garden），并在美国的《景观建筑》（*Landscape Architecture*）杂志1980年1月份发表，从而引起了美国园林设计业的广泛

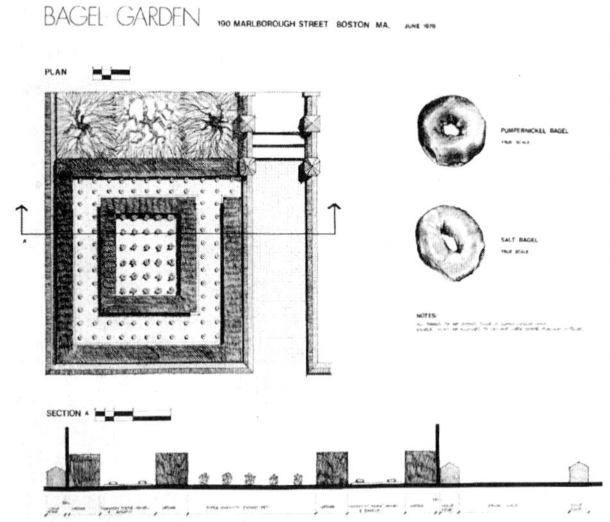

图 4-5 1980年施瓦茨发表在 *LANDSCAPE ARCHITECTURE* 的面包圈花园方案

1 王向荣，林菁. 西方现代景观设计的理论与实践. 北京：中国建筑工业出版社，2002：215.

关注与讨论，被认为是美国园林设计中的后现代主义创作的第一例。花园设计的最大特点就是把象征傲慢和高贵的几何形式和象征家庭式温馨和民主的面包圈并置在一个空间里所产生的矛盾；以及黄色的面包圈和紫色的沙砾所产生的强烈视觉对比。这个迷你型的庭院以具有历史风格的花篱、紫色的沙砾以及隐喻贝克湾（Back Bay）地区兵营式排列的邻里文脉的面包圈，构成了后现代主义思想缩影。这个花园为人们开启了一扇小尺度景观设计的新视野——就是把传统的、有限的景观想象和新概念结合起来创造出新景观。从而使这个迷你型的花园在学术性及艺术文脉两方面成为新设计的导向。迪恩·卡达西斯（Dean Cardasis）在他的《*Imaginary Gardens with Real Frogs-pace in the Work of Martha Schwartz*》一文中对施瓦茨的面包圈花园评价说："……面包圈花园震撼了园林景观的建立体系，正如40年前的詹姆斯·罗斯、丹·凯利和加勒特·埃克博宣称园林景观是一门当代艺术，它与绘画、雕塑以及建筑拥有着清晰的美学关系。施瓦茨就如同他们一样……"。"面包圈花园对于当时美国早已被初期的园林设计师反对的大打折扣的自然主义是一个强有力的对应物（counterpoint）。它在波士顿的贝克湾很小的一处空间里，呼吁着当代艺术对于景观设计的深刻影响，以及在设计中利用雕塑与绘画式的语言传达园林景观艺术的必要件。她的网格状的面包圈体系布置在紫色沙砾上的形式打破园林景观设计中故步自封的陈旧律条，它一点都不戏谑，而是激发了一种概念性的环境艺术，面包圈花园是轻松愉悦的，而且在职业设计师看来已经意识到这个花园已经成为了旧式设计律条的深刻挑战。"

另外一个后现代主义的设计公园是早已经闻名遐迩的巴黎拉·维莱特公园。这个建造于20世纪80年代的公园1995年才宣布完成。拉·维莱特公园的"解构主义"设计手法是后现代主义设计思潮中一个重要组成部分。伯纳德·屈米（Bernard Tschumi）设计的拉·维莱特公园是解构主义建筑手法的园林性实验。这种纯粹的建筑学理念落在一个占地35公顷的场地上，与建筑体本身有着本质的不同。屈米认为："城市公园再也不能设想成缩微世界的纯粹乌托邦了，不能被看作隔离于令人厌恶的现实世界之外的东西了。"屈米还称他的设计"拒绝文脉、颠覆文脉"。"拉·维莱特是反文脉的。它和周围环境没有关系。它的平面颠覆了'文脉'所依赖的边界的概念。……在现代城市条件下的文明与自然之间的不足，使经受住时间考验的把公园作为自然形象的概念模式无法成立。"屈米对待城市公园完全缺乏一种对自然的态度，甚至把这种后现代"颠覆"的狂潮推向极致，他丢弃了传统的建筑组织体系、等级和秩序，然而，事实再次证明了建筑设计的对象与园林设计的对象之不同。就像克里斯托弗·吉罗（Christophe Girot）所指出的"园林景观的实际情况要比房屋建筑复杂得多，因为在处理时间和空间方面所需要做的要多得多，

10年或20年对于开发景观来说基本不算什么。”事实上，城市公共园林的空间定位就是人工城市的一所自然空间，它本身就具备着生命的属性，它有着生长的过程，它所构成的空间有着自身的存在意义、人活动于其中的意义双重内涵。这点与建筑不同，建筑的空间质料不具备生命性征，它的空间意义完全由形式建造所致，而构筑中所展现出来的生命力全然与自然建造不同。所以园林设计，尤其是大型城市公共园林的设计对自然生境的关注是影响设计成败的关键。反过头来再重新审视屈米的解构主义园林，最终的结果是“一个庞大的游乐场，而不是供人接触自然的公园。”[1]

后现代主义的园林设计在美国、欧洲以不同的手法进行着空间可能性的设计探索。包括1983年美国著名的景观设计事务所SWA为约翰·曼登（John Madden）公司位于科罗拉多绿森林村庄的行政综合区一组玻璃幕墙的办公楼群设计的万圣节（harlequin）广场，1988年由哈格里夫事务所的乔治·哈格里夫（George Hargreaves）为加利福尼亚San Jose市设计的市场公园（San Jose Plaza Park），1991年由欧林hanna/Olin和Ricardo Legorreta合作完成的珀欣广场（Pershing Square）以及法国的阿兰·普罗沃斯（Alain Provost）设计的雪铁龙公园（Parc André-Citroën）等。事实上，后现代主义一直是作为一种文化思潮影响当时的设计领域的。后现代的园林设计更多的是设计手法与表现形式的探索，目的是关注更多不同人们精神层面的需求。而这种精神空间的设计一直都是以场所中的情感体验为核心。在纷扰复杂的后现代语汇中，风景园林设计师们汲取最多的是历史文脉元素，代表隐喻和玄想的符号单元。对比建筑作品，后现代主义的园林设计除了部分采用鲜亮的色彩外，在设计手法上要温和谨慎得多。设计师采用隐喻的构图、变化的视觉以及色彩对比等后现代的艺术概念与手法，目的是创建一种多元化的设计格局，用来平衡设计形式与不断发展的精神需求。此外，随着美国20世纪60年代环境意识的觉醒，对于园林的设计在潜意识下又增加了一重维度：环境伦理。同时这一维度奠定了当代园林发展的方向与复兴的方式（后文具体说明）。正如马克·特雷布所说，园林包含了非常广泛的内容，基本有三方面的表现：形式，包括形体、材料、空间等；社会与文化，包括功能、行为、历史等；环境，包括生态、地形、水文植被等。这就是说，现代园林设计涉及科学、艺术、社会及经济等诸多方面的问题，是一个综合的整体[2]。

因此建筑中后现代主义纯粹形式的追随对于园林设计是无法作为设

1　http://bbs.chla.com.cn/space/?uid=5朱建宁的博客，《反思拉·维莱特公园设计》。
2　李岚．当代城市园林景观设计风格的多样性与差异性．中国园林，2002（5）．

计之本的。建筑中探索的是本质与精神的二元关系，反映到设计中就是形式与功能的关系，并以空间作为表达。而园林空间的生命特质使得其空间的形态有着显著的时空性，后现代的设计行为大多被视为对现代主义园林的调整、修正、补充和更新。从另一个方面来看，后现代主义的多元性缺少了对生态科学性的追求，而当代的风景园林设计体现的是美学、环境与社会三重维度的价值平衡。

4.3.3 后现代主义的多元设计观

美国艺术理论家金·莱文[1]在《告别现代主义》中指出“后现代主义不是纯粹的，它引用、纯化、重复过去的东西，它的方法是综合的，而不分析的，它是风格的自由和自由的风格，它充满怀疑，但不否定任何东西，它容忍模糊性、矛盾、复杂性和不连贯性”。在这里，莱文阐述了后现代主义最为重要的特征表现。后现代主义是西方哲学中理性意识矛盾冲突的一个反映。理性判断一直被认为是思维的高级形式，但是它是建筑在牛顿物理学的机械论、还原论和朴素实在论和决定论上的世界观，呈现出二元对峙的简单线性关系。而当进入20世纪40、50年代，西方科学产生了质的转变，世界的复杂性与多元性，呈现的不再是简单线性可以概括的关系，而以复杂性为性态的非线性[2]的系统关系。以贝塔朗菲、维纳、申农等人创立的一般系统论、控制论、信息论等理论首先打破了机械自然观的线性思维；以普里戈金、哈肖、托姆、艾根等人创立的耗散结构论、协同学、突变论和超循环论开启了自然复杂性探索的大门；洛伦兹、约克、曼德布罗特等人创立的混沌理论和分形理论则是掀起了复杂性系统思维的革命。

从表面上来看，后现代主义的设计是为了满足人们需求的多元，甚至包括精神的需求。可是作为人的个体，本身固有的多样性是无法作为设计的逻辑依据的。现代主义所强调的“形式追随功能”，事实上对建筑功能的赋予，这也是由人来完成的，也是人类需求的一种反映。后现代主义设计的崛起，从根本上反映了思维与存在关系的多元性复杂性的哲学问题。人类的传统思维已经无法应对复杂的事物关系，转

1 金·莱文（Kim Levin），美国当代最有影响的艺术批评家。长期担任美国当代艺术杂志《村之声》（*Village's Voice*）专栏批评家，同时也是《艺术杂志》（*Art Magazine*）的特约撰稿人，此外还一直担任《国际艺术》（*Art International*）和《闪现艺术》（*Flash Art*）杂志驻纽约的艺术评论记者。曾在多种期刊上发表大量的艺术评论文章，并在全美各地许多大学中讲学和授课。

2 “非线性”是数学中用来描述型数关系的概念。现实中，非线性关系的第一特征就是它的多样性。多样性又是复杂性之源。因此，在本体论上，是否存在非线性的相互作用构成了复杂性区别于简单性的一个基本标尺。引自董高伟，《后现代主义哲学中的复杂性思维应用》，《理论界》，2008年第1期，第104页。

而呈现一种混沌模糊的状态，对于这种模糊性，在西方的传统理性思维中是难以概括出来的。后现代主义设计观是在对这种复杂性关系抗争的基础上孕育而出的，后现代主义的设计手法都在自觉不自觉地受着事物间的这种“关系”的影响。后现代主义的设计强调事物的复杂性思考，它承认社会是一种复杂系统，其中历史、传统、环境等因素在个人实体地位的形成中发挥着重要作用，个人的价值取向、利益追求必须考虑到这些相关要素。后现代主义设计反对现代主义设计中的机械自然观，反对传统理性主义下的人类中心论的思想，而是强调设计中对人与环境的过程性与开放性，并认为人与世界的关系是生成性的；应该把人看作是一种关系的存在，而不是一种与他物无涉的完全独立的实体。其实这一点我们可以从屈米的拉·维莱特公园的设计中感受到。

屈米在园中放置的“folies”从平面上看是点状的相隔120米见方的网格点阵，每个又是一个纯粹的解构主义的构筑小品。在每个单体上屈米表达了“功能、形式和社会价值之间的解构与分离”（不管是否真的做到），但是他把它放置在一个网格系统里，就说明他是一种有规律的“癫狂”，这种还是脱离不开“关系”的，其实屈米想要表达的就是一种“关系的过程性”，但是他忘记了这种过程最好的载体不是无生命的构筑物，而是自然要素。这是一个物质与物质间的关系表达。在普罗沃斯的雪铁龙公园里，这种人与空间的关系表达就更为深切。中央开阔的草坪缓坡与塞纳河朝向之间成为的空间关系强调出了僻静而温柔的气质，使得深入其境的人们可以感受到历史传统的纪念性，它深处城市，却能够给人以宁静，却又不是全然的与城市隔离。吉尔·克莱芒（Gilles Clement）为其公园所设计的一系列花园尝试将花园视为一片自然的荒地，并交给经过培训的、有经验和能力的园林园艺师去管理，完全经他们之手去整治和经营。他的“动态花园”的设计理念体现在能够持续的景观类型完全由植物的自然属性所决定，由自然决定植物应扮演的角色和命运，用时间来让植物演替，并给人以空间上的动态流动性。

后现代主义的设计严格意义上仍旧是现代主义手法上的演变，但是其背后的哲学思辨却有着很大的现实推动意义。后现代主义开始了西方的系统性思维，开始关注事物的过程与关系，用非线性的思维来对待复杂的世界，这有着人类哲学认知上形而下的方法论含义。而对待自然的态度也从机械转向多元与系统，但这观念尚未成熟，同时对待自然仅仅以设计形式为表达要旨，更多的体现出对自然发展的过程性的探索，并未出现空间成熟的设计语言，但设计思维开始向系统性自然观转变。

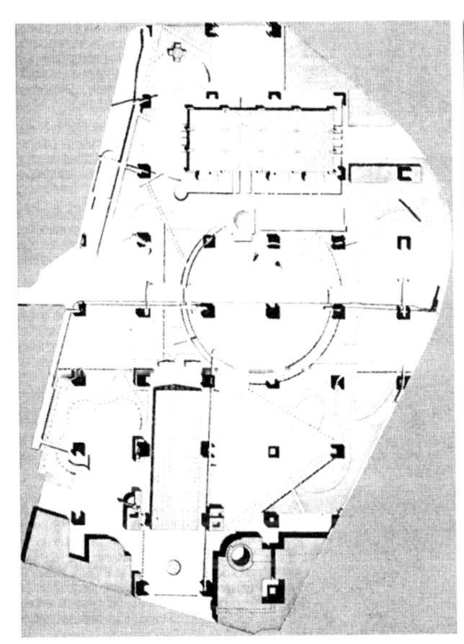

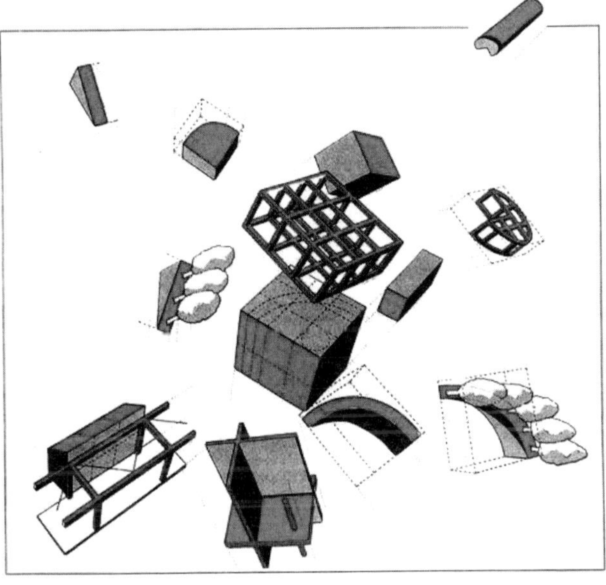

图 4-6　拉·维莱特的 folies 平面布置及其拆解分析

4.4　当代的城市公园设计：三重维度的价值平衡

后现代主义给设计领域带来了一种全新的设计思考方式，它开始关注事物的过程性，同时也引发了设计手法的多样性。就在后现代主义设计开始盛行之时，1969年，宾夕法尼亚大学麦克哈格教授出版了一部关注生态和规划设计的里程碑式的著作《设计结合自然》（*Design with Nature*），书中他以宣言式的语言阐述了自然的生存权利与意义，并提出了“千层饼”（layer-cake）的规划设计模式。这对于风景园林的规划设计领域带来了极大的冲击，也是从这个时候开始，风景园林的规划与设计开始了以生态学、社会学以及美学三重维度权衡制约设计。如今这种三价一体的设计模式已经成为园林中最为重要的设计遵循。

4.4.1　城市公共园林设计的生态学维度

4.4.1.1　园林中对生态学概念引入

早在麦克哈格的《设计结合自然》以前，生态学就已经有了长足的发展，并且在当时已经建立了较为完善的理论体系。生态学作为一门学科的开端始于1866年。德国动物学家厄恩斯特·海克尔（Ernst Haeckel）结合了意为“家族”（Household）或家（Home）的希腊文oikos和“理念”（logos）生创了“生态学（ecology）”一词。从字面上的含义理解生态学应该是研究生物居所的科学。海克尔把生态学定义为“研究有机体与环境关系的科学”。所以说，生态学最早是研究生物与环境关系的科学，生物与环境的关系集中地体现在环境对生物的生态作用、生物对环境的生态适应以及生物对环境的改造作用几个方面。1935年英国生态学家阿瑟·坦斯利（Arthur C.Tansley）提出了生态系统的概念，开始把动物、植物、土壤、水、气候等自然要素以及人类作为一个整体进行研究。生态系统的思想引入了一些非生物的要素，但思考方式仍是群落模式的，认为这一系统是统一、平衡和稳定的。20世纪50年代之后，生态学打破动植物的界线全面进入生态系统时期，并超出生物学的领域，形成了“综合研究有机体、物理环境与人类社会的科学”。随着人类发展和环境矛盾的日益突出，生态学日益成为人类社会经济发展的基础科学，并在传统的生物生态学基础上，衍生出许多人类生态的研究方向，其中支柱性的分支就是生态设计。在风景园林设计领域，麦克哈格的《设计结合自然》成为当时土地开发与生态保护结合在一起的革命性宣言，并对美国乃至世界的风景园林设计领域产生了深远的影响，至今也是各大学风景园林教育的必读书目之一。书中，麦克哈格引用了奥德姆的生态学理论观点，认为物种之间的竞争是为了更大水平上的各种有机物之间的互惠共生、协调合作。同时，互利共生是两个相互作用物种间最强而有利的作用方式。麦克哈格首先从人与自然的认知角度，强化了自然的生命力量与价值。他尝试着建立一个自然科学基础上的对土地开发的建设逻辑。而这种逻辑不仅是尊重自然环境，保护天然自然的生存状态那么简单。麦克哈格借鉴了现代物理学的热力学第二定律开创的思想，热力学第二定律指出：

1. 热不可能自发地、不付代价地从低温物体传到高温物体（不可能使热量由低温物体传递到高温物体，而不引起其他变化，这是按照热传导的方向来表述的）。

2. 不可能从单一热源取热，把它全部变为功而不产生其他任何影响（这是从能量消耗的角度说的，它说明第二类永动机是不可能实现的）。

热力学第二定律又被称之为“令人伤心绝望的定律”，进一步解释说明就是，在一个封闭的系统里，熵总是增大的，一直大到不能再大的程度。这时，系统内部达到一种完全均匀的热动平衡的状态，不会再发生任何变化，除非外界对系统提供新的能量。对宇宙来说，是不存在“外界”的，因此宇宙一旦到达热动平衡状态，就完全死亡，万劫不复。这种情景称为“热寂”。

据此，麦克哈格也认为：“事物由较低秩序到较高秩序（从无序到有序），称之为负熵。”而这种负熵的创造者人类与植物相比较是远远不及植物的价值的。他对比了一个简单不稳定的年轻沙丘和一个多样的、稳定的和高秩序化森林覆盖的古老沙丘，认为后者为世界创造了更多的负熵。但是对于城市乃至一切对自然土地的开发，都是以人类更好的生活为目标的，在这个层次里，麦克哈格显示出明显的生态中心论的思想。然而，在另些篇节中他又指出："如果我们将能量和信息以及感受一样作为价值来考虑，那么就十分与众不同的生物占据了支配的地位。更为复杂的并有知觉力的生物的进化体现了这种价值，而在这里，人的确排在很高的位置上。"[1]由此，我们又可以看到他对人类中心主义的偏向。在生态哲学中的环境伦理中人类中心主义与非人类中心主义（生物中心论和生态中心论）是一组相对的概念。那么在麦克哈格的文中显示了这种环境伦理的矛盾倾向。事实上这种矛盾也正是当代生态伦理的困惑，同时生态学中也遇到了作为研究的自然环境以及群落中系统理论所提出的不可预测性的研究困顿。

这种生态主义的规划设计思维真实地揭示了学科实践中的目标所在："对于风景园林学科的实践而言，生态的关怀更多的是在思想上或者观念上的告诫，这种关怀不会是独立存在的，最终将与美学的、社会的追求相平衡，甚至服务于人类更为长远的利益追求。"[2]

4.4.1.2 生态设计观

风景园林的规划与设计是一种显露性的生态语言。以生态为前提的设计观从本质上说就是人类生态系统的设计，是一种最大限度的借助于自然力的最少设计，一种基于自然系统自我有机更新能力的再生设计。园林中的生态设计是一个对任何有关于人类使用户外空间及土地的提出问题、分析问题、解决问题等一系列方法的实施过程，对此，设计师的职责就是帮助人类使人、建筑物、社区、城市以及人类的生活与自然和谐相处。麦克哈格以亲身的设计实践，突出了单因子分层分析的地图叠加技术为核心的千层饼的自然要素分析模式。麦克哈格认为，通过单因子分析可以建立一个生态系统的最佳的空间安排和生态具有最大完整性的土地利用方式的模型，以此为基础进行土地利用的实体规划。综合来看，虽然麦克哈格有着生态哲学中的人类中心主义与非人类中心主义（生态中心论）的困惑与矛盾，但是这种实践的方法为我们的设计实践指明了方向。从麦克哈格开始，风景园林的规划、设计、种植、保护和管理中开始渗透着自然演进发展的生态主义思想。并涌现了一大批专注生态主义设计方法的规划设计师。其中以麦克哈格、斯坦尼兹（Steinitz）为代表的景观生态规划途径；以福尔曼、戈德罗恩、左拉维尔德（Zonneveld）为代表的从景观生态学出发的景观空间格局规划与评价方法；摩尔根（Morgan）、特瑞克（Treweek）提出的环境影响评价途径

1　I. L. 麦克哈格.设计结合自然. 芮经纬译.北京：中国建筑工业出版社，1992：87.

2　唐军. 追问百年——西方景观建筑学的价值批判. 南京：东南大学出版社，2004：135.

以及艾吉（Agee）、海恩斯（Haynes）、麦加利戈（Mc Gafigal）等人的生态系统管理模式等[1]。这些模式与方法虽然各有不同，但阿兰·鲁弗（Alan Ruff）总结了生态设计方法的原则，将其目标概括如下：

（1）景观（风景园林）种植不再以装饰为特征，而是外部环境的功能结构要素；

（2）植物设计和种植的目的不再是为视觉效果，而是要在尽可能短的时间内成为林地状态；

（3）景观（风景园林）力求低投入和高回报，减少维护费用，从而提高社会效益；

（4）景观（风景园林）使用者的需求是决定其形态的重要因素，景观（园林）是使用的场所，而不仅仅是为了观赏；

（5）一个项目最终应当走向更高的生态稳定性，因此要求在其生长和发展过程中尽少有人类干预。

这种生态主义的设计理念至今也深刻地影响着风景园林的设计实践。尤其是在对城市发展中的城市公共园林的开发建设上，这种设计思路表现得更为明显。当对一块未开发场地进行建设的时候，土地的适宜性分析可以对场地的适合开发的强度与保护强度有着整体的定位。利用GIS的土地测评方法可以科学地给土地分级并赋予权重，因此说这种分层叠加的土地分析方法有着明确的规划指引性。

图 4-7 里尔亨利·马蒂斯公园设计平面

里尔亨利·马蒂斯公园是希尔万·傅立波与法国著名风景园林设计师吉尔·克莱芒合作，成功地将一个自然景观片断引入到城市景观之中。在混乱的建筑工地上，通过对废弃场地自然生境的恢复，诱发了场地的自我修复能力。堪称生态思想影响下的设计典范

1 陈波，包志毅. 生态规划：发展、模式、指导思想与目标. 中国园林，2003（1）.

生态学维度价值观是对自然进程中自然本身的自组织力量的肯定，这也使得风景园林的规划设计找到了场地初期整体性的设计思路与逻辑。遵循自然要素的稳定与发展，以此为基础，控制开发强度与开发方式，使得人们的建设行为与自然进程最大限度地融合，在建设中人工的介入方式更为科学，通过场地设计使得人类的活动与自然的生境相互平衡，互为发展。

4.4.2 城市公共园林设计的社会学维度

后现代主义时的设计强化了现代主义设计的民主性，并把现代主义民主性的社会需求发展至多元，以此适应不同社会群体的需求，特别是精神需求。发展至今城市公共园林作为服务于大众的城市绿地空间，对于使用人群的需求更应给予完善的关注。在西方社会中，城市公共园林建设是以公众参与的形式反映在设计的多元化需求的。这种反馈性的意见使得城市公共园林的设计走向人性化，城市公园的一方面可以反映出设计师们所关心的问题，另一方面也满足了使用人群的利益要求。这在复杂的和日益民主化的社会中需要有可以商讨价值和协调目标的途径，并且强调社会应当给予弱势或者少数群体以言论的权利与途径。城市公共园林本身只有通过建造过程与使用功能二者结合，才能实现城市公共园林空间的真正价值。同时，城市公共园林通过大众的使用，它的存在意义才会真正显现，也只有成为大众生活的一部分，这所空间才会更加具有生命力。

城市公共园林是通过城市公共空间表达自然、传播自然观的方式，这也是城市公共园林社会结构性与自然结构性的综合反映。通过设计参与一方面让大众产生真正的环境意识，建立正确的自然观。另一方面因园林曾经以一个强权政治的象征物矗立在大众面前，由于19世纪的资本主义社会制度的变革，取缔了园林这样的一种存在方式，使其真正地为人们生活所服务，成为城市大众生活的一部分。通过城市公共园林的建造，绿地空间成为城市与郊区的门户，同时更是都市生活中人们交流的门户空间。

作为一个具有职业精神的风景园林设计师，时代的发展赋予了我们更多层面的要求。当代的城市公共园林设计中社会性与本专业的结合越发的紧密。设计师更应该体察社会中大众的普遍需求，在设计中就要深入到城市环境建设的整体布局中，避免设计成为城市环境恶化的填补物，走西方国家城市开发建设失败的老路。这就要求在城市公共园林的建设中要以阐释正确的自然观为文化主体，营造适宜的自然空间和场所，加深管理阶层与群众对自然的理解和认知，促进人们对大自然的积极保护与合理利用，实现人与自然的和谐发展[1]。同时，对于我国的现实需求而言，公共参与的制度应该建立并加以完善。我们必须承认，城市公共园林的社会性作用，坚信正确的自然观引导下的理性设计是需要民主与社会关怀的融入的，设计中去除个人超然的精英意识和形式化的创意沉迷，保持开放的心态，走更加民主和公正的道路是设计的必然选择。只有这样，设计中综合平衡了多种使用者需求的公众参与设计，更有利于克服片面性，创造公正、公平的园林空间，也只有这样的园林设计才是真正服务于大众的空间，才具备场所特征与长久的生命力，才能实现人与自然的共生。

4.4.3 城市公共园林设计的美学维度

诺曼·牛顿（Norman T. Newton）在《*Design on the Land*》定义Landscape Architecture（鉴于今天国内外对园林的称呼尚未统一，因此文中引用英文原词）：Landscape Architecture一词指的是什么？依照本书《*Design on the Land*》作者的理解，它是指安排土地以及土地上的空间和物体的艺术，以使人类能够安全有效地对之加以利用，并达到增进健康和快乐的目的——如果愿意，也不妨称之为科学。历史上无论何时何地，只要艺术被从事着，那么它的方法和结果，用今天的术语讲，都叫作Landscape Architecture。……它一般包括分析问题、提出解决办法并指导措施的施行。什么问题呢？说起来也许宽广无边，但它所涉及的内容一直都同人类对户外空间以及土地的利用相关。[2] 在牛顿的观点中，他认为园林中的艺术与科学起着本质作用并互相补充。因此说园林这一学科有着艺术与科学的双重属性。对于城市公共园林的设计而言有着明显的社会学属性，因此，城市公共园林的设计有着三大类型学科的交叉性质，设计师的作用就是要平衡这三种属性，做到自然需求与人类需求的相互平衡。

园林中的美学艺术在古典园林中是作为自然观的主要构成部分而表达出来的，这种艺术性的表达是园林最为原始的存在方式，是人类对自然认知的提炼与再创造。不论东方还是西方，园林空间的构建都是以艺术的美学第一性作为设计的主导。正如前文所述，西方哲学思维下对理式（Forms）的追求，以及东方哲学思维下对意境的追求，东西方园林中通过不同的形式来阐明不同哲学思辨下的美学自然观，所以园林是美学自然观下的创作产物，它的第一属性就是美学。当自然科学发展，人类对自然的认知在不断的深入，园林的美学范畴也在逐步扩展。生态美学（ecological aesthetic）是伴随自然科学发展而生的一种美学自然观。生态美学是对传

---

1 朱建宁．促进人与自然和谐发展的节约型园林．中国园林，2009（2）．
2 董璁．景观形式的生成与系统．北京：北京林业大学博士论文，2001：15；原文引自：Norman T. Newton. *Design on the Land. Mass*：Belknap Press，1971：XXI.

统自然美学的发展，在这里它强调对自然本源生命力的讴歌与发扬，它反映了人类与自然界，即人的内在自然与外在自然的和谐统一关系。生态美必须是在一定的时空条件下形成，并且是审美主体与审美对象相互作用的结果。从空间关系上来看，生态环境作为审美对象可以给人一种由生态平衡产生的秩序感、一种生命和谐的意境，和生机盎然的环境氛围[1]。它是"一种人与自然和社会达到动态平衡、和谐一致，并处于生态审美状态的崭新的生态存在论美学观"[2]。作为生态美学的主要表现形式，它是"充沛的生命与其生存环境的协调所展现出来的美的形式"[3]，它是以生态系统内部各组成要素之间的相互依存、相互支持、互惠共生、共同维护、共同进化和不断创造为基础的，透露出旺盛的生命气息。对于生态美的体验，要求人们亲身参与到生物多样性的繁荣及和谐的情境中去，与生命整体、生态过程亲密的融合，与天地万物融为一体。

由此可见，生态美学与古典园林中所强调的自然美学有着显著差别，生态美学强调生命进程规律的维护与动态的参与，这种美学的追求真正顺应了当代城市公共园林发展的要求。园林中对艺术的追求是过去也是当今设计中最为重要的内涵，它赋予空间以脱离原始自然的感受成分，而这种自然美的提炼与再设计使得每个园林空间能够以相同的造园要素表达出不同设计师对自然的理解，并传递给人们各不相同的空间感受，这也就是艺术的感染力所在。但是这并不意味着设计中这种艺术性是置放在风景园林设计师价值体系结构的顶端，凌驾于其他价值维度之上。相反，当代城市公共园林的设计应该考虑的是场地要素如何科学地组织整合，对原本场地开发的错误行为给予更正，满足自然生态美学的要求，要让自然能够长久持续，这种持续状态并不是靠外界人力的干预与保护，而是营建良性生命演替的自然空间。

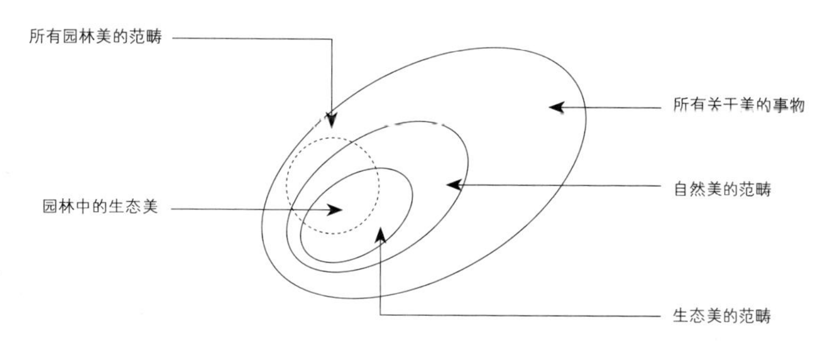

图 4-8 自然美与生态美之关系包容图

1 徐恒醇．生态美学．西安：陕西人民教育出版社，2000：12.

2 李哲．生态城市美学的理论建构与应用性前景研究．天津：天津大学博士学位论文，2005：35.

3 曾繁仁．生态美学：后现代语境下崭新的生态存在论美学观．陕西师范大学学报，2002（3）：5—16.

4.5 小结：当代城市公共园林设计的自然观内涵

当进入20世纪后期，以西方现代园林为代表的发展态势分别显示出三个不同维度的设计价值观：生态学、社会学和艺术美学，这三重价值维度的效用组合已经成为全球经济条件下城市公共园林发展的共同目标。同时也基本构成了风景园林学科设计实践的三重标准。这三重价值维度的共同作用对于时下的城镇发展建设起着行为纲领的作用，同时也是实现人与自然和谐共生的重要途径。

生态学的设计维度体现出对自然演变进程的尊重，同时也是赋予园林设计中更为理性的科学内涵。生态学关注自然演进中的自然规律，并以此为依据建立修复自然、利用自然与改造自然的途径。因此理解自然进程中的自然演替规律成为当代城市公共园林设计首要遵循的价值维度，同时也逐渐演化成设计过程中的一种理性约束。然而尊重自然的演替规律进程设计只能作为设计中的一个比较初级的阶段，尤其是对于城市的公共园林设计，人们的社会生活与经济结构必然要与其发生碰撞，城市公共园林的设计不可能以纯粹自然景观的恢复或者营建为目标，同时必须满足人们社会生活中所需的安全、宜人、便捷等特质，所以说社会性成为了城市公共园林设计遵循的另一价值维度。

社会学这一维度体现了城市公共园林作为人们的生活日常而深远的影响着个人、群体以及公共生活本身，它是人们生活品质的重要组成。城市公共园林从最初的改良城市的公共卫生环境到今天可以引导人们的公共生活内容，它的存在意义从一个城市的附属空间逐渐转变为城市活力的激发的主导性空间。通过城市公共园林的设计，可以催生一个地区的文明、健康与安全，同时也给予人们贴近自然、了解自然的途径，在公园设计与维护过程中纳入大众的文化参与有助于民众树立正确的自然观，同时也使得公园获得持久的生命力。

美学要素是城市公共园林设计中最为抽象而高阶的部分，它的实现需要设计者与受众者具备较为一致的美学素养才逐一呈现。美学中所要表达的空间内容一般需要与人们的精神世界进行关联，因此设计中总免不了呈现出曲高和寡的因素。时观当下，现代生活的高节奏、大数据与强信息愈发的激发简单而自然的公共生活，人们在极大的物质刺激下开始寻找精神的空旷与思维的自我回归。自然要素是最为贴近这样的精神需求的。古典时期的园林借景言志就是最为直接的体现，园林本身就是与人们的日常生活息息相关的。它的本质就是一所精神家园，它本身就是去物质性的。因此说艺术的美学维度是园林设计的根本，也是最为核心的部分。

综合而言，当代的城市公共园林设计应该表现出该时代导向的自然观主题。生态学、社会学以及美学三价一体的设计理念就是当代城市公共园林设计所要表现的自然观总和。以生态学的自然规律为设计中的理性依托，关注大众的需求以及引导大众建立正确的自然认知途径，进而表现出符合时代主体要求的美学态度。当代的城市公共园林设计有着系统论的整体性要求，如何平衡三重维度的价值平衡，如何正确地认知自然，并影响大众的日常生活，都成为当代城市公共园林的设计重要使命。系统自然观的要求就是以关联与发展的角度认知自然，而风景园林设计师就是把这样的认知过程表达在园林空间中。

5 城市公共园林设计的外部语汇：城市景观结构的整体化

5.1 城市景观结构释义

5.1.1 城市景观（Urban landscape）概念

城市景观（Urban landscape）一词最早出现在1944年1月的期刊《*The Architectural Review*》中一篇题名为"*Exterior Furnishing or Sharawaggi: The Art of Making Urban Landscape*"[1]的文章里。在这之后，关于城市景观的研究涉及了很多方面。1961年的卡伦（Gordon Cullen）提出"Townscape"之后，这种以"-scape"作为词根的学术名词陆续产生，如Roadscape（道路景观）、cityscape（城市景观）等。学者们期望通过"-scape"来表现抽象思考、事件或关系，让它们具体化。1963年的沃尔夫（Ivor de Wolfe）的"Italian Townscape"用传统的美学方式研究了景观的物质形态。之后的研究又渐渐渗入很多社会因素，如1975年柯林·罗（Colin Rowe）和弗瑞德·科特（Fred Koetter）的拼贴城市（Collage City），1973年葛瑞迪·克雷（Grady Clay）的"*How to Read the American City*"。逐渐的，在系统哲学观的影响下，城市空间的研究主体除了美学，也转向对城市整体运行过程的关注。在当代城市规划与城市设计领域中，"城市景观"的研究概念包含着客观要素与主观感受两个方面。研究内容多从美学议题入手，以客观的景观构成反映至主观的"人"，以此来追寻城市的文明状态，然后再反馈到城市景观的构成要素上分析，有着主客二元性的概念含义。"城市景观是城市中各种物质形体环境（包括城市中的自然环境和人工环境）通过人的感知后获得的视觉形象。其中人的感知能力与理解能力则受到社会因素的制约。并且，城市景观具有的一元结构特征，使得以人及相关的时间作为变化维度的、在城市物质形体环境

1 George R. Collins&C. C. Collins, Camillo Sitte: The Birth of Modern City Planning, Rizzoli Internatinal Publications, Inc 1986, p126.

中的生活方式与特定的文化活动也同样归属于城市景观的范畴。”[1]因此，对于城市景观的研究基本上从物质空间、社会空间以及心理空间的构建来进行结构的分析，力求这三点的统一，而“景观空间系统的表层、中间与深层结构产生‘同构’现象，这正是理想空间产生的基础[2]”。

城市景观的物质构成要素是城市景观概念的客观性部分，其构成要素的系统性与城市公共园林的城市空间尺度设计有着密切的关联，它是城市公共园林作为城市运行系统的物质与信息载体，同时也为城市公共园林的城市总体系统性空间整合做出基础框架的铺设。这种整合的前提，是要建立在对自然进程的正确参与过程基础之上的，以自然发展的客观逻辑进行城市景观的空间整合。

5.1.2 结构

“结构”在哲学中的释义为：不同类别或相同类别的不同层次按程度多少的顺序进行有机排列。“一般认为，西方哲学经历了三个具有里程碑意义的时期：古希腊的本体论阶段、近代的认识论阶段和现代的语言学阶段，分别表现为对始基的性质、认识的性质和语言的性质的重点强调，表明各个阶段考虑的问题是不一样或者说思想的对象是不同的。”[3]而结构一词在建筑学领域里有着特殊的意义。流行于20世纪60年代的结构主义（constructionism）理论超出了语言学范畴，并影响到其他学术领域。结构主义的观点和方法都来源于现代阶段的语言学。著名语言学家索绪尔、雅各布迩等在语言研究中首次提出了“结构”理论，“结构”的概念形成了结构主义哲学的核心。结构主义理论的核心内容认为：“事物的真实本质不在于事物本身，而是我们建立，而后理解这两者的关系之中。[4]”结构主义思潮产生的现实背景是：科学发展一体化的趋向，自然科学与社会科学的互相渗透，使得整体性观点和方法（结构的方法、系统的方法、模型的方法）不仅被自然科学家所接受，而且也被社会学家所重视和采用。结构主义科学的分析方法与可操作的步骤，同时兼有经验学派追求传播的规律和模式，具有科学的分析方法、可操作的步骤；又不同于经验学派对既定体制的认同即其御用性研究，是有着批判学派的质疑立场。简单地说，它具有经验学派和批判学派的双重特质，是人文精神和科学精神的结合。园林设计作为一种综合性的学科，运用符号学的结构主义分析方法显得尤为适用。

1　陈烨．城市景观的生成与转换．南京：东南大学博士论文，2004：2.
2　金俊．理想空间．南京：东南大学出版社，2003：59.
3　杨大春．文本的世界从结构主义到后结构主义．北京：中国社会科学出版社，1998：6.
4　王受之．世界现代建筑史．北京：中国建筑工业出版社，1999：324.

结构主义强调对对象的整体性研究，把研究重点放在符号系统的各要素关系上，而不是组成要素的个体上。同时，结构主义认为深层结构重于表层结构，并无意识地支配着人类一切活动的内在组织和关系。结构主义大师皮亚杰（Jean Piaget，1896—1980）在1968年出版的《结构主义》中对"结构"的概念做出了总结，成为学术界认为最为系统与全面的释义，同时也是在众多分歧中积极方面的共同性最多的一个。他在文中概括出结构的三个特性：整体性、转换性和自调性。

（1）整体性是指一个结构是由若干成分组成，他们遵从某些规律，这些规律说明了该一体系的特点，任一结构作用，必然只能在一个转换体系内进行。在这里突出了规律的统领性作用，只有通过各构成成分之间的关系，才能够把握事物。

（2）转换性指结构不是静止的，结构中的各个成分按照一定的规则相互替换而不改变结构本身，内在规律控制了结构的运动和发展，构成成分对整体结构处于服从地位。

（3）自调性意指结构是自足的，依据本身的规律而自行调整，不借助外在同其本性无关的任何因素，所以结构是封闭的。"一个结构所固有的各种转换不会超出结构的边界之外，只会产生总是属于这个结构并保存该结构的规律的成分。"当然，这并非意味着一个结构就不能以一个子结构的身份加入到另一个更为广泛的结构之中去。

皮亚杰的"发生结构主义是从结构主义到后结构主义的中间阶段。结构主义主张有一种固定的结构，后结构主义则认为结构是流动的、变化的，不固定的。发生学结构主义则正好是从发生学来说明结构如何发生变化的，这为流动的结构论奠定了基础。[1]"

我们可以看到，结构主义理论有着明显的系统论的影响。但是结构主义在强调规律作用的同时，着眼点仍旧建立在要素上，这种关系也是由要素的变化来完成，因此它有着明确的实践操作性。本章所谈论的"结构"不仅仅是代表着"事物各个组成部分的搭配和排列"这种物质空间上的组织关系，同时它也是一种思维方式。这种思维方式有着清晰的操作语言与方法。城市公共园林作为城市景观结构的一部分，在城市景观结构的范围下，应该如何与其他要素结合，并构成一个完整的体系并融合于城市总体之中是城市公共园林作为城市系统的构建者所必须考量的部分。

1 刘放桐．新编现代西方哲学．北京：人民出版社，2000：425．

5.1.3 城市景观的结构与城市公共园林

城市景观结构就是由城市景观的感知对象与构成物，参与在特定人文环境下所反映的有机关系体系。概括来说，城市景观由城市建筑、城市街道、城市广场与城市自然四个要素所组成[1]。“城市自然”这一提法充分显示出了城市尺度层面中对自然的定位。

自然对人来讲都有着美好的向往，这是天性使然，但这也成为自然设计发展的障碍。因为很少有人会认为一棵树、一片绿地、一条河流是不美的（未被污染侵占的时候），这种生命的感染力的确很强大，尤其是在建筑林立的都市空间。风靡18世纪的英国风景园直至今日欧洲的园林设计界仍有着极大影响力与感染力。当19世纪城市公共园林以最为粗浅的姿态进入城市时，它就被赋予了极大的社会意义，正如当时法国的一位园艺师和政治家苏罗伯爵曾说道：“园林使富人的情趣更高雅，使大众的行为更文明；园林对于某些人是奢侈，而对其他人则意味着秩序与稳定”。

19世纪巴黎的城市改造第一次把城市空间打开，使得城市与自然相融，它奠定了霍华德的田园城市理论（Garden City），也促进了美国的城市美化运动（American City Beautiful Movement）以及后来美国城市公园体系（Park System）。事实上，系统的概念在城市公园建立的最初就已显现，但是如何与城市的其他景观要素结合，却是在现代城市规划理论下逐步形成的。最初的城市规划理念是从造园手法引发而成的，道理很简单，对于建筑单体的设计与城市设计从规模上就绝然不是一个思考层面上的问题，而古典园林的造园规模却相当庞大，“凡尔赛宫苑的规划面积达1600公顷，其中仅花园部分就有100公顷，如果包括外围的大林园占地面积可达6000公顷，围墙长4千米，设有22个入口。宫苑主要的东西向主轴长约3千米，如果包括伸向外围即城市的部分，则有14千米之长。”[2]因此，城市与造园在空间尺度的上是有着一脉相承的联系的，尤其对于是规模较大的场地。

城市自然所涵括的内容很多，从规划角度来讲，应该包括市域范围内的所有绿地，但是城市公共园林是与城市非自然要素结合最为紧密的部分。从城市形态角度分析，城市公共园林与其他要素的结合度是最高的，当然也是自然与人工碰撞最激烈，情况最为复杂的部分。因此对于城市绿地中城市公共园林的设计整合可以充分体现城市景观要素中的自

1 金俊．理想空间．南京：东南大学出版社，2003：59—86.
2 朱建宁，郦芷若．西方园林．郑州：河南科技出版社，2001：198.

然特性，同时也是城市景观结构自然性整体表达的核心。

5.2　两种模式：城市发展的自然演进规划与城市景观形态整合

5.2.1　城市发展的自然演进规划

5.2.1.1　背景

城市发展的自然演进规划简而言之就是：按照自然的演进规律来进行城市的发展规划、"通过自然分析的方法、自然演进导向的土地利用方法以及自然内在过程为依据的规划方法来对现有的城市方法做出必要的补充，并进而引导城市走上与自然和谐的、良性发展轨道。"[1]

城市的空间的扩张与自然的逆向演化（退化）现已成为城市面临的首要问题。一方面，城市的内部物质空间以自然替换的方式从无到有，从小到大，从简单到复杂，从无序到有序的方式发展；另一方面，土地的自然生境却表现为从有序到无序，从复杂到简单，从自然稳定到人为稳定，从自然演化到人为演化的发展模式。这种发展的对立性的演化特征似乎已经成为城市发展的必然现象，尤其对于那些特大城市，这种自然生境的恶化尤为严重。

系统自然观的提出就是针对自然生境恶化的不断升级，根据自然演化的客观规律而提出的人与自然和谐共生的一种可持续发展自然观，其中系统理论是作为该自然观哲学思考的前提和基础，并以自然演化的自组织性来描述自然演化进程的客观状态。人类作为自然系统的一类组成，

图 5-1　不同发展观下的城市发展与自然演进关系示意图

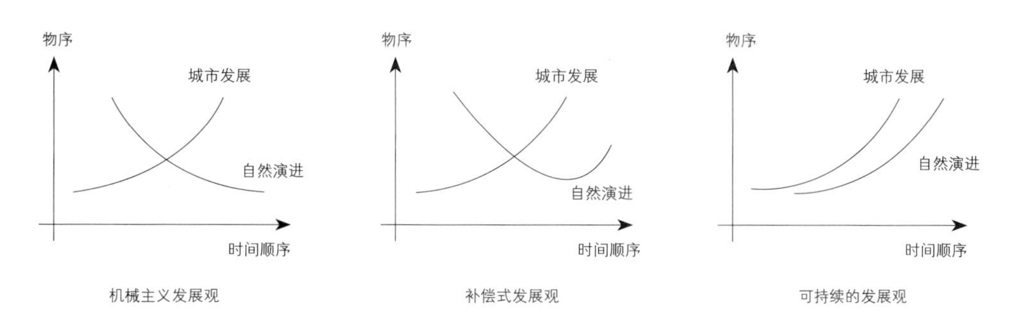

1　杨冬辉．城市空间扩展与土地自然演进：城市发展的自然演进规划研究．南京：东南大学出版社，2006：105.

它的发展必定是自然体系中生命规律的延伸，而人类具备的主观能动性使得在改造自然的同时忽视了自身与自然的关系，变成了自然演进规律的异己力量在自然界展开。人类以巨大的资源耗损度来维系自身的存在，使得自然的自我修复能力超越极限而以自然异化的方式展现在人类面前，变成人类生存的最大威胁。人类对自然的错误征服始于对自然的恐惧、不解和科技的缺乏，而当代人类对自然的侵掠是源于价值观的偏曲以及物欲的扩张。

事实上这种人与自然发展的矛盾复杂程度已经成为当今世界人类所有学科的共有命题。笔者期望建立一个连续的思维过程，来解释城市公共园林，作为大比例人群所生存的空间中最为重要的自然生境形式，该如何遵循自然进化的逻辑、城市发展的逻辑以及人类精神需求的逻辑进行场地的规划与设计。

城市发展的自然演进规划是对过去的人类中心主义的一个巨大转变。从过去的人类自身发展中心转变成了人与自然平衡发展的价值体系。事实上，“城市的社会发展目标也包含着自然环境的发展，但是，目标设定的含蓄性往往在实践中容易被人口和经济发展的压力所掩盖。”[1]自然的发展权利要求人们，对于城市的可持续发展，必须建立两价体系：“需要体系”与“限制体系”。“需要”就是满足城市的人口与经济发展对城市空间扩展的需要，“限制”就是必须通过适当的技术手段和社会组织的限制来使得当前的城市发展不损害未来发展的需要，也就是使城市的空间扩展不损害土地的自然发育与自然演进的需要。

城市发展的自然演进规划理论的提出是建立在自然伦理上的，是系统自然观哲学在城市规划领域的体现与应用。规划中赋予自然以生存的意义，并尊重自然的发展规律，在强调自然价值的同时，着重体现系统性的思考模式。

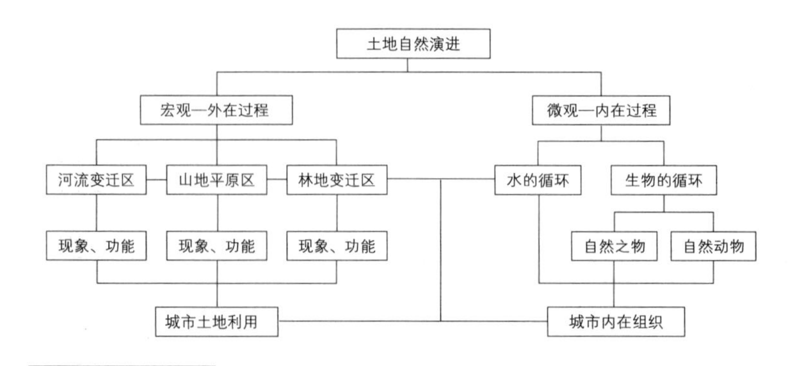

图 5-2　土地自然演进外在过程与内在过程结构图

1　同上，第38页。

5.2.1.2 内容

城市发展的自然演进规划理论首先以土地自然的演进规律为理论的切入点。以自然的外在与内在的演进过程为研究层次进行排外力作用下的自然发展过程研究，并分化出城市规划操作的两方面内容：城市土地利用与城市内在组织。在城市土地利用分析中，通过自然地理、生命系统以及景观文化三个方面确立自然演进与土地利用的耦合关系，同时，它决定了城市发展的方式、土地利用结构、空间形式、资源消耗以及自然的发育等自然可持续发展的重要形式。在城市内在组织中，强调城市与自然的有机布局，通过城市规模控制，扩展方式控制以及综合管理控制三个方面实现城市发展的自然演进。在城市发展的自然演进规划中突出了理想城市空间环境的核心要义：它是自然、社会的约束因素与经济、政治的动力因素的合力而成的平衡物。

5.2.1.3 分析

（1）土地利用分析

自然演进规划中的土地利用分析定位了三个层面：自然地理（地质、自然水体、地形、土壤、气候）、生命系统（森林、野生动物）和景观文化（环境意向、历史价值、娱乐游憩），以此作为土地资源利用参考标准，这是规划思路上由人工环境到自然生境主导的转换，同时也是系统自然观价值体系下的土地利用模式。在此过程中把地质、自然水体、地形、土壤、气候、植被、动物自然要素条件综合就是系统自然观的思维模式。以自然生境演进过程为根据的规划模式一方面从观念层面上确立了自然发展的规划前提，另一方面为与其衔接的城市设计与城市景观设计提供了执行的规划参照。城市公共园林是城市系统的重要组成，而在整个城市建设用地范畴之中，它是唯一区别于其他建设用地性质的一类。公园用地的操作对象是自然体，理想状态下的城市公共园林设计应该在空间上与周围自然景观系统相互联系，包括视觉上的联系，对以面积尺度较大的园林用地应该与城市核心区周边的绿地以带状形式相联系，构成景观廊道与自然相通，最大限度地延伸自然边界，建立长距离的城市边界接触面，并在城市总体开发时候保持土地原来的自然要素风貌。

反观现实，风景园林设计师极少有机会在城市尺度来思考自然系统的运行规律，并以此转换为规划、设计的宏观策略。城市发展的自然演进规划理论的提出能够以自然演进的逻辑出发，而不是所谓的“语境”，同时对土地资源的有效利用与定位是满足城市公共园林设计所依据的自然进程逻辑得以进一步完善的前提。

（2）城市内在组织分析

“从自然的演进的角度来看，区域自然环境对一个城市的发展具有承载能力的限制，土地自然演进也需要相当数量的土地面积来支持，因此，城市的空间扩展必须要改变以往无节制蔓延的发展方式，必须学会在一定限度之内去发展。”[1]正如美国规划师德内拉·梅多斯（Donella Meadows）所说：“21世纪的问题是如何让人们生活得更好，如何使得人与地球之间、人与人之间在一定限度内共存。大城市应该走出暴虐、错误和无止境的蔓延。宜居的城市只能在人性、整合与限制中产生。”

对此，自然演进规划中的城市内在组织对城市蔓延的有效控制与城市空间的有机扩散成为城市发展的实践前提。有效地限制城市边界，紧缩城市内部土地利用以及合理密度的分配等方式可以在城市与自然的水平规模控制城市的无限扩张。在城市内部，对于土地集约化利用与城市绿地空间的分配方式成为了城市内部空间活力的再生方式，避免了城市离心化的发展。通过土地置换的有效方式，可以使自然空间与城市的其他内容有效结合，同时城市公共园林的外向型设计可以使得城市的绿地空间与城市有效的渗透，这便可以大大地提高城市的活力与市民吸引力，可以避免或有效减少逃离城市的郊区化土地开发，城市资源也得到了整合发展。

另外，通过土地适宜度分析，确定不同等级的保护强度与开发强度，对于生态敏感区、土壤渗透性好等区域建立保护地或公园绿地。这样可以完整保护自然的生物多样性，同时也保存了场地原生自然的地理物质条件，使得城市公园的设计有的放矢，以场地自然的原生要素为基础，在对场地内部进行自然要素整合，从而设计的秩序可以有效地参与到自然进程中，园林的设计要遵循一种根本的设计逻辑，就是自然进程要求的时间性参与。

对于城市内部的整体性而言，城市建筑用地与城市绿地的分配整合方式决定了城市的宜居程度以及外界自然的连通度。我国城市土地利用的一个问题是不能将“土地之上的自然环境、建筑开发、基础设施、开放空间等视作一个整体，土地开发单纯注重数量和指标要求，而不注重空间管理和质量管理，因而不能保证城市的有机化发展，也就无法从根本上保证质量管理，因而不能保证城市向着与自然相和谐的方向发展。”[2]土地利用开发也应该遵循土地自身其内在（垂直）与外在（水平）的逻辑。对于城市内部的自然与建设开发土地的融合问题，一方面是政策法规上的鼓励与严格控制，另一方面在操作实践过程中，尽量采取对地块

1　杨冬辉. 城市空间扩展与土地自然演进：城市发展的自然演进规划研究. 南京：东南大学出版社，2006：174.

2　同上，第188页。

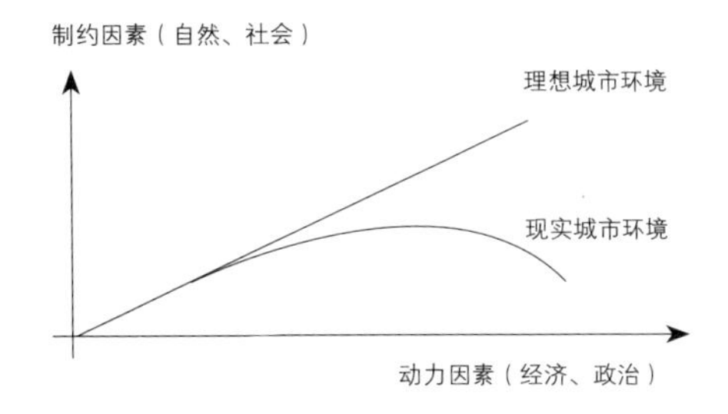

图 5-3　环境约束体系的建立

或街区的土地范围内统一规划与开发，集中保持有特殊价值（生态价值、文物价值、景观价值）的地段或建筑，集中利用自然地形、地貌和环境条件形成城市公共园林。城市中的绿地单体面积只有具备一定规模才会对城市产生积极的生态效益，对于城市范围内的天然自然、生态敏感区的保护才有成效，保持城市建设区内自然环境的基本体系构架，维持基本的自然连通体系是城市绿地体系的基本要则，在此过程中城市公共园林的设计过程对自然进程的参与过程才能形成。

最后，就是有效的环境管理政策。对于自然进程规划的实现，在城市建设层面必须要有强而有力的政策法规进行监管与执行，才能有效地使得自然进程的土地规划得以实现。“因为一切技术层面的方式、方法都必须通过有效的管理才能转化为可见的‘语言’，‘没有恰当的工具（执行机构），政策、策略和方案不可能被发挥和执行’[1]。”

5.2.2　城市景观形态整合

“整合”一词有着极强的形而上的成分，是对过程与期望结果的概括。在刘捷所著的《城市形态的整合》（以下简称《整合》）一书中概括为：“整合是基于发展的需要，通过对各种城市要素内在关联性的挖掘，利用各种功能的相互作用的机制，积极地改变或调整城市构成要素之间的关系，以克服城市发展过程中形态构成要素分离的倾向，实现新的综合[2]”。在这里研究的对象为城市，因此研究点落在了城市构成要素上。总而言之，“整合”是一个解决矛盾事物的手段，同时它是一个动态的连续过程。在本书中笔者论述的，重点是在城市公共园林与城市其他要素之间，力求建立一种秩序的关系，以此作为城市公共园林设计的设计依据与实践前提。在这里“整合”是一种方法与过程，是实现城市自然进程规划的必要手段。

1　同上，第193页。
2　刘捷．城市形态整合．南京：东南大学出版社，2004：8.

5.2.2.1 背景

城市景观形态整合的提法源自东南大学刘捷所著的《城市形态整合》，该书中所说的“整合”对象是城市，因此整合所及的范畴包括城市的各个方面，文中通过城市空间与建筑、城市空间和交通、新与旧以及人工和自然四个方面进行论述。在本文的城市景观形态整合概念即是基于此发展而来。城市景观的形态是城市景观在矛盾运动中所呈现的状态[1]。因此，在这里借用到城市景观形态中便可以概括为城市建筑、城市街道、城市广场与城市自然所构成的矛盾结果所呈现的状态。正如培根在《城市设计》中所言：“事物形态是事物内部运动的终点，形态是运动的结果。在事物内部运动和外部条件达到平衡的地方，就形成了事物固定的形态。”

城市公共园林是城市景观形态的重要组成，相对要素的质料而言，城市公共园林有着明显的自然属性，它同城市景观的其他要素运作生成当下的城市景观。城市公共园林以绿地系统的形式参与到城市的运行中，作为人工环境到天然自然的一种过渡、缓冲。一般情形下，在城市尺度上城市公共园林大都丧失自身的存在意义，统称为城市自然作为城市人工环境的填充物平衡城市空间。纵观当今的任何城市设计的理论著作，都把城市自然作为城市设计中的一项重要元素，它已经脱离了城市结构，而是转变成人工与自然整合的一种共生[2]关系。麦克哈格在20世纪60年代就曾呼吁：“理想地讲，城市地区最好有两个系统，一个是按自然的演进过程中保护的开放空间系统，另一个是城市发展的系统，要是这两种系统结合在一起的话，就可以为全体居民提供满意的开放空间。”

对此整合是系统达到整体的方法之一，对于城市中的公共园林，经常面临着这样的城市背景：城市的进程不再向古代城市一样具有同质的完整性，而是以形态多元化的特征出现在发展进程中，这种多元化特征被柯林·罗（Colin Rowe）称为“拼贴”，城市呈现出的断裂式的发展，“像一幅拼贴起来的图卷，多元的形态经过不断的融合，形成内涵丰富的秩序。”[3]城市公共园林如何与多变的城市实体融合，便是整合所要解决的问题，这种整合带给城市公共园林的是设计上与城市衔接的总体定位，是

---

1 齐康先生在《城市环境规划设计与方法》中定义城市形态为：“它是构成城市所表现的发展变化着的空间形态特征，这种变化是城市这个有机体内外矛盾的结果。”参见．齐康．城市环境规划设计与方法．北京：中国建筑工业出版社，1997：27.

2 共生的概念是黑川纪章所提出的，他提出共生的本质不同于调和、妥协、混合或者折中主义。共生之所以可能是由于承认在不同的文化、对立的因素和不同的要素之间以及在二元对立的两个极端之间的神圣领域。节选自：郑时龄，薛密．黑川纪章北京：中国建筑工业出版社，1997：4.

3 刘捷．城市形态的整合．南京：东南大学出版社，2004：41.

一个动态和多元秩序的形成。

5.2.2.2 内容

在《整合》文中总结了三类城市形态的整合方法：中介方式、催化机制、场所转换。这三种方式有着不同的形态整合的操作点，综合而言可以概括成：物质空间方式与社会空间方式两大类型。物质空间方式是指用纯粹的物理学角度，对空间进行联系性的营造，进而达到人们视觉或者心理上的整体感。社会空间则是指以空间为载体，反作用到人以及人所生活的社会，以时间维度的动态性获得城市原来场所中"新性质空间"，以此激发城市空间的活力或者推动城市空间向多功能、多元化发展，实际上就是空间与人活动相互作用而获得的整体性空间。空间整合的目的是要创造和谐而整体的新秩序空间，此类新秩序空间的整体性是需要人与时间来推进与验证的，整合本身就是一个不断修正的过程，综合各个相关的要素，不论整合手法如何，整合实质就是获得要素联系的整体性。

（1）中介方式整合

"中介"在《现代汉语词典》的定义为："媒介，连接不同事物之间的某种东西或事物"。这里说的"中介"就是城市空间中起到联系作用的城市要素，通过中介使得城市不同性质空间通过形式上的过渡而相互连结。从物理结构上、使用功能上达到流畅，进而获得场所精神上的高度统一。这种"中介"形态主要有"城市公共空间、中心建筑或综合体和多层网络道路系统[1]"多元的城市中，这种空间断裂的现象愈发的严重，但是正如机遇与挑战并存，这种需要缝合的多元空间越多，整合的空间也就越容易实现。设计中通过"凝聚与连接"、"城市综合体"、"连续与缝合"以及"中间领域"等手法使得城市中能够获得空间上与时间上的连续性。这种城市时空上的连续性，被亚历山大（Christopher Alexander）认为是当代城市发展的结构需要，并提出城市的半网格结构。这种半网格结构意味着城市的复杂性、开放性以及要素的交叠性，因此城市的中介形空间就是这种复杂性、开放性所带来的城市不确定性的表达，转而至形态便表现出了层次的交叠[2]。而城市公共园林正是城市中介形空间的代表，它具有公共性、综合性、连续性以及中间性作为中介空间的所有特征，更重要的一点，城市公共园林本身也具备的自然物质演替的生长过程性。

（2）催化机制整合

所谓"催化机制"，在《整合》中是强调城市多元发展的原动力，以

1　同上，第70页。

2　克里斯托弗·亚历山大．城市并非树形．严小婴译．建筑师，1985（24）.

及多元发展下城市破碎空间的整合的动态特征，它强调实践的过程性，并把它推为第一要性。历史中的城市进程很多是自下而上发生发展，时间跨度长，生长缓慢；而如今的城市大都是自上而下的由政治、法律和理想而成的规划准则，它呈现出虚拟现实中的一个未来可预见的情形或者形态终点，完全抹杀了城市发展的自然性征以及自主的能动性。“催化理论的基本观点认为在城市形态中，某些城市构成要素的引入会给要素所在的城市形态带来积极和连锁的变化，城市设计需要找到这些要素，以促进设计目标的实现。催化理论认为，价值理论必须和实现机制相结合才能起作用，抓住城市要素之间相互作用的关系是实现城市设计目标的重要途径。”“催化理论强调城市形态变化的连续性。催化要素具有某种活力，会激发周围的改变，它可以是城市的一个旅馆、另一个城市的一个商业中心、再一个城市的交通中心，它也可以是博物馆或者剧院，还可以是一个设计良好的开放空间，或者仅仅是一个柱廊或是一个喷泉。重要的是，催化要素既是城市环境的产物，又能给城市带来一系列变化。它对城市形态变化主动介入，是一种产生秩序的中介催化要素的目的，它是渐进的、持续的城市组织的更新，重要的是催化要素不是单一的最终产品，而是能够推动和指导一系列的发展。”[1]

这种催化机制下的城市空间当然也包括城市公共园林，尤其对于一些本身就具备明确地景特色的城市，譬如一些沿海、滨水或者山地城市，这种催化的作用更为明显。因为城市的建设本身就与自然环境有着明确的肌理交叠，这种碰撞与摩擦可能导致自然形态破碎度的增加，也可使得自然与城市交融，活力无限，是机遇也是挑战。良性的环境催化可以引发城市空间内容的变革，在城市功能整合之时带动人们的活动参与，使城市进入一个活力发展的良性循环。

（3）场所转换整合

场所转换对于城市而言，是在原有的形态基础上介入另一个形态维度，使之满足新城市环境下的需求（城市中形态变革中最为原始力量就是来自功能的转变）。但是对于整合来说，就必须尊重场地本来的历史基因，就是对场所文脉的传承。“转换意味着场所原型的形式变换。场所原型具有一定的中心、领域和边界，形成稳定的结构，场所原型通过转换可以达到形式的变换，适应环境的变化，同时又大量保存原有场地的信息。”[2]这种转换作为整合的手段，因此也具备着整合的基本特性，时间的动态性。它强调场所原型结构的延续性以及新元素所带来的秩序性。形

1　刘捷．城市形态整合．南京：东南大学出版社．2004：81；原文引自：Wayne Atteo and Donn Logan. American Urban Architecture: Catalysts in the Design of Cities. Berkeley, CA: University of California Press 1992：45.

2　刘捷．城市形态整合．南京：东南大学出版社，2004：85.

态作为历史的载体而延续，新要素作为城市进程所需的新要素介入其中，二者结合进行着场所的二次阐释，并在阐释过程中城市的新秩序空间随之形成。

5.2.2.3 分析

中介方式、催化机制、场所转换三者作为城市空间新秩序的整合手段在本质上其实是一回事。整合对于城市来讲是事物的内部要素的相关问题，属于城市系统的自组织发展范畴。是城市中新的功能不断产生与旧的城市空间结构的矛盾产物，它是对既有结构的复杂分布增长下，对新的城市秩序的孕育过程。而对于城市公共园林而言则是系统外部要素的竞争与协同。

协同学认为，自组织系统演化的动力来自系统内部的两种相互作用：竞争与协同。子系统的竞争使系统趋于非平衡，而这正是系统自组织的首要条件，子系统之间的协同则在非平衡条件下，使子系统中的某些运动趋势联合起来并加以放大，从而使之形成序参量，占据优势地位，支配或伺服系统整体的演化。而“协同是系统诸多子系统相互协调的、合作的或同步的联合作用的集体行为。协同是系统整体性、相关性的内在表现，狭义的协同是与竞争相对立的合作、协作、互助，而广义的协同则既包括合作，也包括竞争，协同是系统竞争后期自组织演化的一种表现”[1]。这一关系对应到自然与城市，它们恰恰是以互为竞争与协同的个体要素处于城市系统之中。城市公共园林作为城市中自然要素的载体与城市其他的实体要素组成互为竞争与协同的体系分支，共同推动着城市的整体化进程。

自组织的系统就是一个不断地建造新秩序的过程，其间的竞争与协同只是新秩序实现过程中的此消彼长的状态，最终的目的是为了达到新的状态平衡，而这种状态概括而言就是整体性。城市公共园林处于城市中的作用就在于此，它以一种中介的空间类型建立城市中的整体性，但却又要保持自然的特征本性。城市公共园林作为要素单体与城市其他要素形成“结构”。这种结构的整体性就体现在由城市建筑、城市街道、城市广场与城市自然协同整体的动态过程中，它们以整合方式而互为协调。城市公共园林与上述四类城市景观均有交接，因此设计的过程就是城市形态整合的参与过程。

巴黎的贝尔西公园（Parc de Bercy）就是一个成功地整合公园内外要素的案例之一。贝尔西公园位于巴黎的第12区，塞纳河的右岸，由于

1 綦伟琦. 城市设计与自组织的契合. 上海：同济大学博士论文，2006：36.

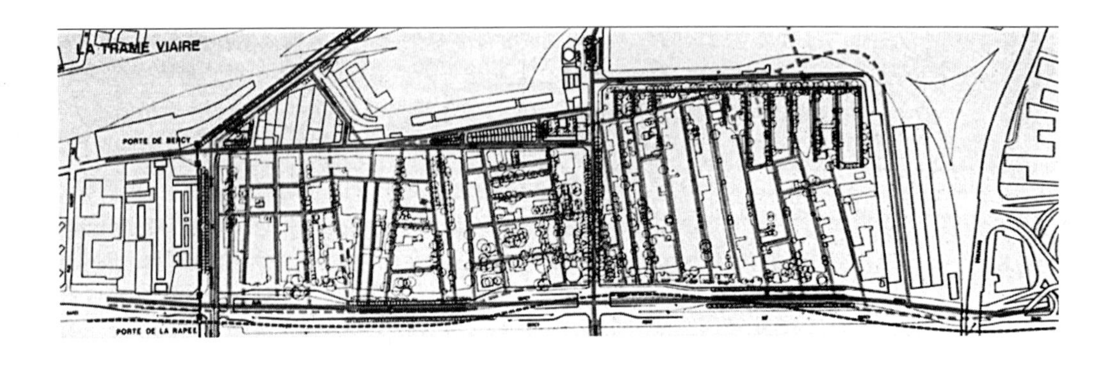

图 5-4 贝尔西公园与场地的原有道路体系

塞纳河岸边的蓬皮杜高速公路及纵深方向的贝尔西火车站铁路在附近穿过，这一区域长期以来都十分闭塞，几乎成为城市中被遗忘的角落。区域的更新从70年代末开始，贝尔西地区的更新是巴黎市寻求城市东西发展平衡的重要举措，贝尔西公园的建成，使得这一区域的城市发展有了历史的连续性。在保持地区的历史特色的同时，提升了土地的价值及该地的竞争力。园林的整体布局在保留了场地的原始结构的基础上，创建了新的公园格局，并在园中设立了一个可以看到整个城市的大台地，成功地建立塞纳河——公园——城市的空间整体性。而从公园的建造时间来看，从1987年的国际竞标到1997年9月的正式开放，历时10年。而在21世纪初期，又出台了一条影响贝尔西公园的提议“在贝西公园和西面12公里的安德烈-雪铁龙公园之间，沿着河岸修建一条人行道环线。这个环的最后一个部分——建筑师迪埃玛·费赫汀格设计的贝西托比阿克步行桥——计划于2001年秋竣工（已建成）。这座桥也将在贝尔西公园和塞纳河左岸的新国家图书馆之间，建立起直接联系。[1]”

5.2.3 两种模式的互构

根据自然哲学中的自然演化论的观点，自然的进程远远早于人类文明，更早于城市。事实上，当今的城市仍旧是以一个异化的形态存在于自然界当中的。自然与城市仍旧为自然生境系统里两个异己的力量博弈，在系统理论中称之为“自组织”的竞争与协同的方式发展并存。

城市发展的自然进程规划的提出，把自然的进程作为城市总体规划的依据，把城市的发展进程放置在自然生境的整体进程中进行思考。建立自然社会与经济政治合力下的理想城市。城市发展的自然进程规划是城市本体与外在的天然自然的对话，并以土地的自然演进作为空间上的

1 ［加］艾伦·泰特．城市公园设计．周玉鹏等译．北京：中国建筑工业出版社，2005：33.

共同载体而进行了辩证的分析。

因此，城市发展的自然进程规划确立了自然演进过程的城市价值观，这是自然与城市间认识论上的实践；通过自然地理、生命系统以及景观文化的分析确立了符合自然演进规律的土地利用规划的方法论，并以城市内在的空间组织作为方法论上的实践。综合而论，城市发展的自然进程规划建立了系统自然观下的规划逻辑——以自然进程作为科学思考前提，正确地使用土地资源，或者自然恢复土地资源，建立城市发展与自然发展的平衡。城市公共园林作为城市自然的一项重要组成，一方面它要满足场地中天然自然演进的连续性，使得土地的水平演进得以进行（而不是被城市的出现或空间的扩张使之断裂）；另一方面城市公共园林的建设需要建造在正确的地块中，它既要满足自然进化的逻辑，又要满足城市发展的逻辑以及人类的精神需求。正确的用地选择可以促进城市公共园林设计的自然进化进程，这也是城市公共园林设计实践过程中所要思考的部分。

所以说，城市发展的自然演进规划与城市景观形态整合是城市公共园林设计的场地外部设计的逻辑遵循。它们是实践上的承接关系：分别在城市规划层面与城市设计层面对城市与城市中的自然加以定位，使得城市公共园林获得了城市尺度上的设计逻辑关联。同时，城市公共园林的自然设计对城市的总体规划与设计提供的生态维度的制约，这种反馈与制约有利于城市中自然演进规划的深度实施。

城市景观形态整合使得城市公共园林的城市设计定位更为明晰，以城市发展时间维度的动态性、断裂性、历时性确立了城市公共园林的城市属性。城市公共园林是城市自然系统中的一大分支，城市公共园林自身可构成一个与城市外部天然自然所连通的自然体系，但这往往需要以城市中客观的自然实体要素为依托，山体、林地或河流，也是构筑生态廊道的基本要素。利用与保护本身就是一组矛盾关系，从景观生态学角度，主张对城市的生态敏感区进行高效的保护，禁止人类日常活动的干扰，但是这与城市的公有属性背离。城市中散置其中的绿地由于连接度的缺失，大都丧失了基本的生态功能，城市公共园林的有效规划需要建立完整的绿地体系，并结合生活的日常。城市公共园林特有的公共性、综合性、连续性以及中间性成为现实城市景观进程中最重要的“缝合剂”，同时由于其自然生长的动态性与整合的动态属性吻合，城市公共园林以系统的空间整合方式纳入在城市景观的整合过程中，它比其他的城市景观结构要素更为灵活。

当下的城市发展越发多元，此种多元性演变呈现出发展规律的非线性。城市规划的基本效用是对城市做出整体的预期与控制，此种控制多表现在城市与自然共构的系统中。二者的发展呈现出明显的竞争关系：城市的人工科学技术的短期强势状态，对应于自然环境系统长期的变异状态。非线性的发展规律使得城市不存在一个预定的形态，因此过程性才是城市的本质。过程的催化作用，使得城市在整合中获取新的秩序平衡。城市发展的自然演进规划与城市景观形态整合是城市发展的规律设定与手法设定，它们相辅相成，两者的协同关系在城市发展与自然发展的整合性过程中产生，并不断的衍生出新的秩序。

5.3 两种模式下的城市公共园林设计

5.3.1 城市自然演进的规划参与（决策发展参与）

城市公共园林发展至今，它与城市的空间关系越发复合。作为公园，除了具有绿地的美化功能外，逐渐与城市空间进行多层次的融合，逐步承担了城市功能，开始具备城市公共空间的社会学功能。城市公园以自然基底进行空间营造使得它与城市其他景观构成要素不同：自然生命的演替性。在这个演替过程中，时间成为自然景观形成的一个重要衡量尺度，它作为自然生境演化的“时间之矢”，呈现出过程的不可逆。因此城市公共园林与城市的关系是一个复杂的过程性关系。

城市自然演进规划的实践基础就是自然进化发展的生态过程。对此，城市公共园林作为城市中的自然物，应以城市公园体系的方式与城市外围的天然自然相联，建立基本的自然景观结构，使得自然演化的水平方向得以延续。城市对自然“基底”而言是一个交叠的介入过程，增强城市内外的自然连通性，使得城市系统与自然系统建立能量转换的途径。像美国波士顿公园系统（Boston’s Emerald Necklace）、明尼阿波利斯的公园系统（Minneapolis Park System）等，它们都是20世纪初期的成果，但是历经了近百年，它们的存在却成为了城市最为经典的绿地布局，在建造过程中不经意地实现了自然景观生态的完整格局。克利夫兰（Horace William Shaler Cleveland，1814—1900）作为明尼阿波利斯公园系统的首要创建者，早在公园系统建造之初就提出“一定要在公园建立所需的区域被占用，或由于价格太高而不得不放弃之前，得到这些土地。……要把目光放到一百年以后——那时，城市的人口将有一百万，想想那时什么才是他们需要的。他们将有足够的钱，能买下任何能用钱买到的东西，但他们所有的钱都不能买回一个失去的机会”。[1]在这里，我们不得不钦佩

1 ［加］艾伦·泰特. 城市公园设计. 周玉鹏，肖季川，朱青模译. 北京：中国建筑工业出版社，2005：183.

克利夫兰作为公园系统总规划师的战略眼光，一个有着高度职业道德的园林设计师的前瞻性。这种城市层面的规划参与性对于园林设计师而言是异常重要的。城市公园设计中地域范围的整体性远比形态上的整合更为直接，也只有这样，城市公园内部的自然过程才会得以继续，设计行为才会更加主动。

在我国的城市建设过程中，城市绿地作为城市总体规划的一类分项进行规划。城市的绿地体系多是作为城市功能体系的补充或扩展，城市的自然性征往往被忽略或者避让给城市的功能体系。因此在城市建设领域原本复合整体的自然系统被人工的城市空间所打破，自然的演进过程无法继续，出现大量的土地资源的污染与浪费，自然灾害频发，严重威胁人们的生存与健康。自然的演进有着自身的规律，它是一个能量转换的过程，倘若对这样的一个力量或者过程忽视，它必将以更加暴烈的形式释放出来，那么对于城市公共公园而言，它在市域尺度需要进行体系规划，与城市外围的自然空间进行自然演进过程的梳理，先行于城市总体规划，明确不同城市的自然空间特征，提炼自然空间演进的主要作用力（地形、水体、植被、生境……），使城市的物质空间规划在合理的引导自然过程中进行。

5.3.2 城市空间整合的设计参与（空间定位参与）

城市空间尺度下的城市公共园林设计一方面需要思考城市绿地的体系性，另一方面集中体现在设计本身的是城市整体与场地之间的空间关系。在这个层面上城市公共园林设计需要解决两个空间秩序的问题：城市景观整体与公园场地内部。城市景观整体是要求城市公共园林从功能分配到空间形态需要在更大的尺度范畴做到协调，与城市的运行方式、运行速度衔接。公园场地内部则是把设计的视角放到公园本身，独立思考场地的环境性征做出自然过程的良性判断，组织场地的自然要素。除此之外，场地独有的人文特性也是设计中的重要遵循，但往往它会在设计更加抽象与高阶的层面体现，更为甚者它是一种意识形态的体现，因此设计中这会是一种更为高级的空间整合。法国风景园林设计大师米歇尔・高哈汝在对于风景园林设计的九个必要步骤中的第二项就提出场地认知的重要性，“以历史的眼光来看，提供给你们的所有区域，其实都是经过自然巨变和不断地人为占用的产物，由此而留下了各种遗迹、外形、布局。其中有一些区域与不断出现的功能要求相吻合，因此可以几十年、甚至几百年的维系下去。因而，如何在你的设计中汲取那些人们认为真正的本质，并将之植入未来的整治中，是很有意义的工作。这种简约的设计手法，也使你的设想不至于脱离场所的特性，保持一贯性，避免过于粗暴地割裂场所的文脉。”[1]

城市公共园林的公共性使得它具备了城市属性，但这并不意味着整合的过程总是由公园导向建筑、街道、广场或者其他。这种整合应该是相互的。公园与建筑、街道、广场一同构成了城市的景观整体，它们的关系是协同发展，最终统一在城市的发展进程中。而这个过程中城市赋予公园的是它的功能属性与文脉属性，这使得城市公共园林的空间立意具备城市进程的公属效力，反观城市公共园林它的自然性征也无时不在反作用于城市本身，约束城市发展的基本底线，回归自然原态空间发展的连续性与脉络性。

5.4 小结：城市公共园林设计与城市的动态相容

当代的城市公共园林设计早已不再是物质空间决定论的结果性设计，而是一个与城市整合的过程设计。因此留恋于纯粹艺术性秩序的设计手法在城市发展多元化背景下是很难具备整合功效的。正如简·雅各布斯（Jane Jacobs）所说：“艺术的秩序和生活的秩序是不同的，以艺术的秩序来代替生活的秩序是对生活的简单化，城市形态的秩序并不来自于预先的假定和设想，更多地来自于对城市生活随时变化可能性的体验和表达。”[2]

显然的城市公共园林是自然属性与社会属性的合体。它与人们的日常生活接触频繁而紧密，因此在这两个互为矛盾的要素之间如何协调便成为的当今城市公共园林设计的核心问题。科纳在《论当代景观建筑学的复兴》的绪论中强调：“景观应该作为动词代表进程或者活动，……现时对景观正式特性的描述比对其正式效果的描述少。重点应放在景观介质（它如何进行作用和作用的内容），而不是在于景观简单的外在表现”。“无论一个具体项目是自然的、线性的、曲线的、正式的或非正式的都并不相干，重要的是项目的形态和几何学如何与提出的特定假设和力图产生的结果相呼应。因此，景观复兴不再是一种关乎外观和美学的观点，而是倾向于一种策略手段。”科纳所指的“策略手段”实际就是与城市多元文化发展相适应，应该具备对未来发展方向的导向性作用的园林设计。这种导向是通过园林发展的三个方面得以实现：场所的记忆恢复和时间、空间的文化丰富；社会功能以及生态学的多样化和延续性。园林中的社

---

1 （法）米歇尔·高哈汝．针对园林学院学生谈谈景观设计的九个必要步骤．朱建宁，李国钦译．中国园林，2004（4）77.

2 刘捷．城市形态整合．南京：东南大学出版社，2004：43.

会功能与生态学的延续性在平面空间上相互制约权衡发展，而园林场所的记忆恢复以及文化丰富就是一个时间维度的过程，同时这个过程是与城市中各项组成要素整合而成。对于城市公共园林而言它是一个发展的双系统，一个是城市系统中内部的要素整合过程，另一个是作为城市自然与天然自然或者构成场地内部的自然的体系系统。这也是决定城市公共园林设计的两个关键性要素，设计的本身就是外部系统与内部系统的综合过程。这种综合就是城市公共园林设计的外部逻辑，实现场地与周围空间，甚或更远的自然地域性空间的融合与空间的渗透就便构成了园林空间整合的依据。

城市公共园林的设计并非仅仅是场地内部的要素组合，艺术性地加工出些许自然空间，这种如画式的风景营建是无法真正地获得自身的完整性的。以这种伤感主义的回避态度来应对多元文化激增的城市会导致园林永远地处于设计的被动地位。未来的城市公共园林设计必将在更大范畴的时空观里，才会真正地获得设计的自由，达到其空间设计的本质。

6　城市公共园林设计的内部语汇：整体性园林空间的多元表达

城市景观结构及其独有的地域特征对城市公共园林的宏观定位有着直接的导向性。城市公共园林作为城市中的一类自然空间形式，城市的景观特征不可避免地影响到城市公共园林总体的空间氛围与组织方式，这种影响是持续的、动态的。这是影响园林场地的外部因素。城市公共园林设计应该有着其独立的空间属性，它来源于场地本身，尤其是那些过去各种活动对场地塑造而留下的痕迹，这些痕迹与时间的进程重合，反映到场地中重构了特有的空间结构与空间意向，这便构成了影响场地设计的内部因素。但场地经由设计师的诠释也必将呈现出迥异的空间风格，以上便构成了当代园林设计的最大特点：动态与多元。当代城市公共园林设计无法一言以蔽之的概括成型。如果一定要追寻共性，只有相同地理环境下的类似景观类型，或是由植被、地形、水体与相应空间构筑物的造园要素。

6.1　城市公共园林的景观要素构成（共性）

6.1.1　场地要素

园林的场地要素指的是在建造之前场地本身所具备的或者存留的元素内容。设计中，它常常具备给予设计者第一空间感受的作用。它是风景园林设计师进行场地设计遵循的要旨，同时也是设计灵感的来源。实际上，概括来说园林的设计过程就是对场地要素的解读过程，而这种解读伴随着场地设计的始终。

米歇尔·高哈汝就曾对于园林设计中的场地有过这样的强调："景观设计要遵循3个原则：就是场地，场地，还是场地。"在这里，高哈汝所说的三个场地实际上就是园林设计中与场地相关的三个重要过程。他认为风景园林的设计过程就是与场地不断联系，不断反馈的过程。从一开

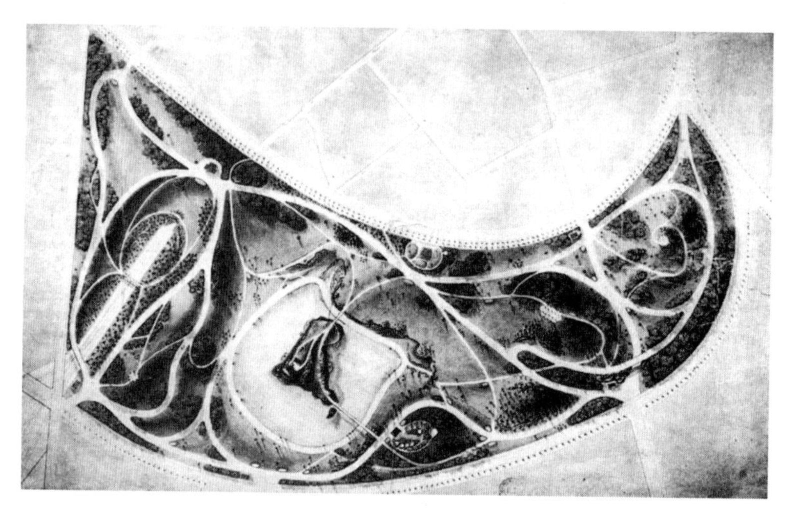

图 6-1　肖蒙山丘公园有着佩斯利涡纹图样的平面

始的认识场地，形成最初的概念激发灵感，以兴奋的状态介入场地；然后就是真正仔细地阅读场地，提取场地的资源要素，形成解决方案，并把方案进行消化整合；最后一点就是不断地把设计放置于场地中进行验证与调整，使得方案与场地达到最佳契合。他曾这样总结自己的设计工作："我意识到景观是在不断演变的，而我必须融入其中。人们委托我做的设计改造工作，实际上加快了景观的演变进程。有时候这也是一种误导。场地都具有某种动力，但有待于设计调整。严格意义上讲，我不是进入空间，而是进入一种演变过程。景观整治存在着彼此对立的两种态度：要么终止原有的景观演变方式，并以一个新的演变方式，即设计方案去替代它；要么投入原有的景观演变之中，那么新的场地推动力将充分包含原有的演变动力。[1]"

因此场地要素的空间状况、构成形式及其表现出来的场景特征对园林设计有着重要的指导意义。场地中的植物、动物、水体与土壤综合一起，以自然的状态进行更替演进，而该场地的园林设计就是对这一状态的过程性参与。设计师应该清晰地分辨出场地中自然进程的主要驱动力，探析出其过程的本质，然后针对场地本身进行深入分析，进而提出对场地性状的规划策略，赋予场地空间新的景观秩序，重构场地的动态平衡，这就是从场地问题出发的设计逻辑。场地中的状况优劣并存，设计的目的是发扬场地中的景观优势，强调场地最突出、最稳定的特性，并加以强化形成主导，从总体环境氛围上，提炼出场地最明显的结构、实体、景物和生境，建立园林空间的基本格局。对于那些破败的场地部分其实

1　朱建宁. 法国国家建筑师菲利普・马岱克（Philippe Madec）与法国风景园林大师米歇尔・高哈汝（Michel Corajoud）访谈. 中国园林，2004（5）.

是一种新的机遇，设计师对此应该有着辩证的认知观，这往往会成为设计新的起点，同时引发一场新的变革，也会带来一种新的可能。一方面它会引导设计师构建新的空间秩序，另一方面，这种矛盾状态是场地进化演变的成长过程，对于这种矛盾状态的解决就是使得场地从无序走向有序的过程，这正是风景园林设计师的职责所在。

法国巴黎19世纪的城市空间改写，正是对城市空间矛盾的解决，其中城市公共空间整治的大部分内容就是在巴黎城市内建造城市公园。肖蒙山丘公园就是这一时期兴建的城市公共园林。设计师阿尔方（Jean Charles Adolphe Alphand，1817—1891）在曾对改造前的肖蒙山这样评说："几乎成为首都部分街区的垃圾场。大自然留给这里的只是干旱、贫瘠、毫无利用价值的风化物；而人类在这里兴建了石膏场、牲畜加工厂、化粪池……"。然而就是这个肮脏混乱的地带建造了历史上最为著名且代表拿破仑三世这一时期造园风格的城市公园。对于这个迷人的、田园牧歌般的公园，罗伯特·埃纳尔（Robert Hénard）在《园林与小游园》（*Les Jardins et Les Squares,* 1911）中对这座公园大为赞赏："在这个拥有众多景点的地方，仅仅是大量的植物群落就构成了别处无法比拟的景色……园中有着田园牧歌般的优美与非常罕见的迷人魅力，使游人产生既惊奇又兴奋的喜悦之情。"也有评论说："阿尔方以其天才型的非凡能力，改变了巴黎人的生活，他正是以园林的设计手法来协调整座巴黎"。

因此说，场地要素是设计遵循的第一要则，它的构成状态直接影响到园林中设计策略的抉择。不论要素的实际状况如何，它的存在意义就是告知设计者场地的真实情况，对于其中要素的处理与干预完全由风景园林设计师来决策，规划中应该最大限度的保留场地本身，使得场地留有过去的痕迹，通过设计来缝合场地，激发旧有场地新的可能，做到场地内部、外部环境的有效融合。

6.1.2　自然要素

园林的自然要素构成了设计场地的基本构架，可以总结为以下四类：植被、水体、地形与构筑物，最后由游线贯穿成为一个空间整体。系统自然观的核心思想就是整体性。整合是实现整体的方法，动态性是到达整体的过程属性。系统自然观下的城市公共园林设计就是在不同范畴内的系统整合过程，设计就是整合过程行为的基本单元，它是一个动态的持续的过程。正如马赫·特瑞本所说："时间是景观重要的尺度。景观不同于建筑的一个方面在于（它们）需要时间来使植物生根发芽，开花结果。景观通常在10年或者20年后会更好；在30年后，它们会被变成一种很不一样的实体。这就是线性的时间。……变化是时间的副产品。时间在景观中的第二个维度就是循环……顺应一年更替的景观设计与场所产生着共鸣，并反映着变化中的生物。”因此说，园林设计有着空间与时间的双重维度。这个实现自然园林景观生长的过程是园中各个要素相互协调发展的结果，它们是一个完整的设计统一体，对于园林各要素的设计考察也必须是放在整个的场地要素系统中才有意义，任何一类要素的设计都是相互存在的，它们彼此构成了整体性设计的依据，脱离了整体无法构成一所园林空间，构成要素也丧失了探求它的意义。

园林空间的整体性建立是综合植被、水体、地形与构筑物而形成的。它们构成了场地环境的基本构架，对于这四类要素的空间组合方式与方法的研究是风景园林设计的核心问题。不论东方还是西方，古典园林中的空间整体意识是贯穿始终的空间情结，它们分别以外向与内向的空间意识形态表达着相同的空间目的——整体性。

6.1.2.1　拙政园

拙政园始建于明朝正德年间（1509），是至今保存最为完整、最典型的文人写意山水私园。历史更迭几经易主，园中格局也屡经修改，但园中的整体格局仍不失“水木明瑟旷远，山泽间趣”的特点。

中国古典园林的整体性获得是自然与建筑之间的整合。建筑结构与“山水”结构的相互交融而成。其中建筑多以堂、榭、亭、轩、廊等主要形式构成，通常由桥廊连通彼此构成整体的建筑结构框架。但建筑在园中经常为场的中心出现，这种中心随场景的层次不同，主次分明，相互通联组合。

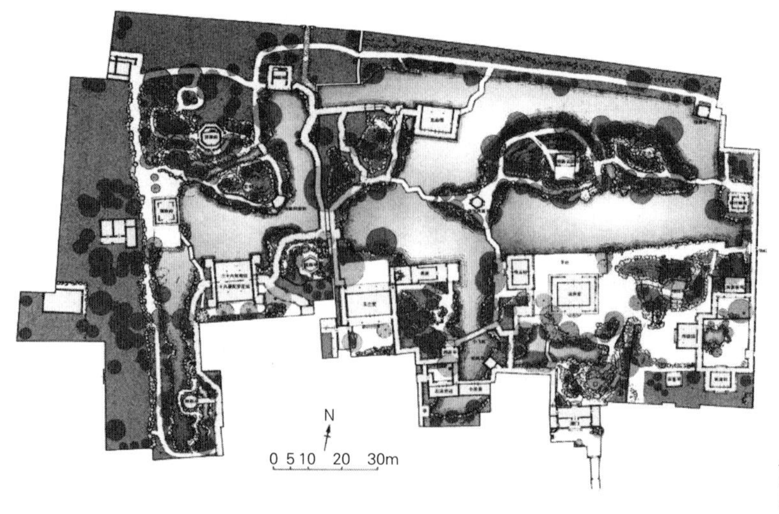

图 6-2　拙政园平面，其中以中墙（如图所示）所隔，形成中园和西园

分析拙政园，平面上看园中以水体空间为主展开了全园的空间布局，水体贯穿全园，并以水的贯通结构形成了多重院落。以水体的不同形态要素从开阔的自然空间渗入到建筑空间中去。但在空间立面中，建筑的中心控制就显现出来，石作、地势与花木植被经常为建筑主体的配饰而布置园中，这种画论的构筑美学完整地体现于此。我们可以看到，拙政园（中园）内几乎每个相对独立的空间都是以建筑为核心，伴以水体、植物、石作和竖向的地势高低形成的一个意境的整体。

拙政园（中园）水体面积占全园面积的3/5，是园中面积做大的造园体量，它以曲水流觞之势在园中若阔若窄，若实若虚的形态展开。一方面为了引导园林中的景观序列与节奏，另一方面是作为导向与平面的连接要素。拙政园中园的水面由桥廊亭台所分隔成为大小十块，它们开合有致地与场地中建筑中心整合成为一个整体。从水面的体量关系来看可以分为：2、3、8的核心水面，1、5的过渡水面以及6、7、9、10的结束型水面。2、3、8实为园中的结构型水面，形成了荷风四面亭、雪香云蔚亭以及北山亭的岛型空间。立面中也以此三亭所构成的地势最高形成对岸观景的主体地势最高，而次级体量与地势的4、5和更小的6分置于主体山形的东西两侧为之平衡，最后以7为辅，是为空间的均衡。其中，1、2、3最为高耸，山石相间与三大景亭构成岛中仙境，而5作为腰门的障景与暗示协同水体7构成入口的第一景呈现与人面前，并为拙政园的空间序列的开始。4、6、7与其说是为了画面的平衡，不如说是独立空间的必要组

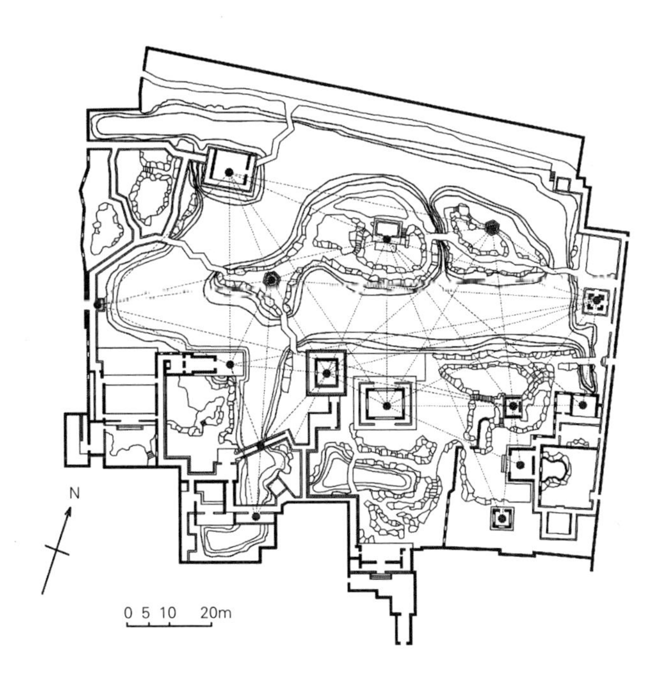

图 6-3　拙政园中园各点间的视线关系图——看与被看：通过视线获得空间的整体性

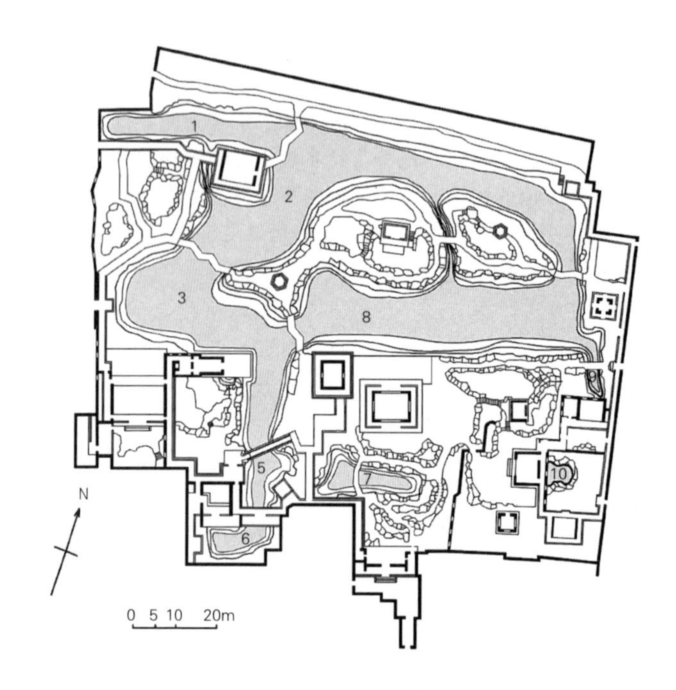

图 6-4 拙政园水系关系分析图

成，并以石态神采，石品佳良构成了一定意义上的空间雕塑，作为赏析之物，点缀其间。此外，花木植被很多情况下是作为软介质作为空间意境的情感表达而进行空间布置。分析拙政园中的北向立面，树木花草以另外一种画理的方式参与到空间营造中来的。或以纤弱摇曳、苍劲雄浑形态点植园中，或以丛植、密植作为空间的软隔障，或借以成群落形成山林野趣的空间情景，花木植被很少单独形成空间结构，它们总以入画般的渗透方式参与到空间营造中来。同时花木还有着视觉之外的感官功能，这是中国古典园林中最为特殊的一点。如拙政园中听雨轩中的“雨打芭蕉”形成了动态环境中的情景语言，以及枇杷园、远香堂、玉兰堂、海棠春坞、留听阁、听雨轩等等都是由植物带来的感官所至。

中国古典园林意境空间的核心就是来自人景共融的整体性。景境作用于人后产生的联想，此况下，在人的感受中对应的景观空间可以“无限增大”。这也就是所谓的“步移景异，情境相生”。而空间的重要组成：水体、植被与地形或石作构成的基本山水格局是园中自然意义的源起。它们相互相生，综合构成意境深远的空间，幽静而雅致。应该说在中国古典园林中的建筑是一个重要的造园要素，它构成了空间的主要观赏点，几乎所有的景致设置都是由建筑为主体的“站点”出发的，同时以简要的园路、廊来连接，为的是使得游行园中的人感受到空间的虚实对比。因此这种空间的整体性有着极大的建筑格局要素，场地中的自然要素经常以画论的美学方式进行塑造，因此说，园林整体性的营造对与场地空间相对较小的城市公园，或大尺度规划下的小场地的类型公园设计有着一定的借鉴意义。

6.1.2.2 沃－勒－维贡特（Vaux-le-Vicomte）

沃-勒-维贡特是法国古典主义设计师勒诺特尔（André Le Nŏtre，1613—1700）的成名作，它建造在凡尔赛宫以前。全园占地72公顷，600米宽，1200米长，这个庄园坐落在距离巴黎55公里的郊外。法国古典主义的造园是欧洲造园史上的巅峰，尤以勒诺特尔的设计为代表。

概括来说，沃-勒-维贡特庄园具备了法国古典主义空间造园的所有特点：布局在广袤无垠的平原旷野中，以中心轴对称的府邸为起始，以一条力线出去一直消失在地平线的尽头。这个力线主轴线的纵向长度为3.4公里，以府邸为中心向北900米，向南2400米，最终消失在丛林中。府邸为全园的中心，建造在地势的高处，起着空间的统领作用。府邸位于庄园的北部，坐北朝南；建筑基座呈龛座形，四周环绕水壕沟。建筑为古典主义样式，严谨对称。花园以建筑为中心向外延伸，以力线为轴对称布置。府邸的前庭与城市的林荫大道相接，花园在府邸的后面展开，并由北向南逐渐延伸。以府邸为起点向南望去，中轴力线上1000米处作为花园的收尾放置了赫拉克勒斯雕像（The Status of Hercules）。向南以1400米的林荫道（Treelined Avenue）过渡到深远的丛林中。轴线两侧是顺向布置的矩形花坛，宽度在逐渐收缩。花坛外侧与厚密的丛林相接，高大树木衬托着平坦而开阔的中心花园，丛林成为空间绿色背景一直延伸向无穷的天际线。花

图 6-5 沃－勒－维贡特整体空间布局

园的最南端围合成半圆形剧场，地势分别从南北两端向大运河缓缓倾斜。整体布局严谨地保持着古典主义的秩序与原则，空间最大限度地与外围的地平线接合，空间由紧到松一气呵成，气势磅礴。

（1）构图

沃-勒-维贡特花园的构图上在中轴上划分成三个段落。其中三段落以垂直中轴线的运河分隔而成。平面上三个段落相对完整，宽度由南向北不断紧缩。立面上看三个段落呈两端高中间低的三个台地，最终收束与大运河的全园最低处。

第一段花园的中心是一对刺绣花坛，宽约200米。刺绣花坛及府邸的两侧，各有一组花坛，东侧的略宽，当中有三座喷泉，其中以“王冠喷泉”最为耀眼。东侧地形原先略低于西侧，勒诺特尔有意识地抬高了东边台地的园路，使得中轴左右保持平衡。由此望过去，府邸建筑完全处在水平面上，更加稳定。

第二段花园在中轴的两侧，勒诺特尔的原设计是顺向布置的小水渠，将前面的小运河与将要出现的大运河联系起来；小水渠中密布着大量的小喷泉，水束相互交织成栅栏般，故称为“水晶栅栏”。现在以两条草地代替了水渠，齿状整形黄杨镶边，中间点缀一排花钵。中轴两边各有一块草坪花坛，中央是矩形抹角的泉池。外侧园路在丛林树木的笼罩之下，形成适宜散步观景的甬道；尽端各有一处观景台，下方利用地形开挖进

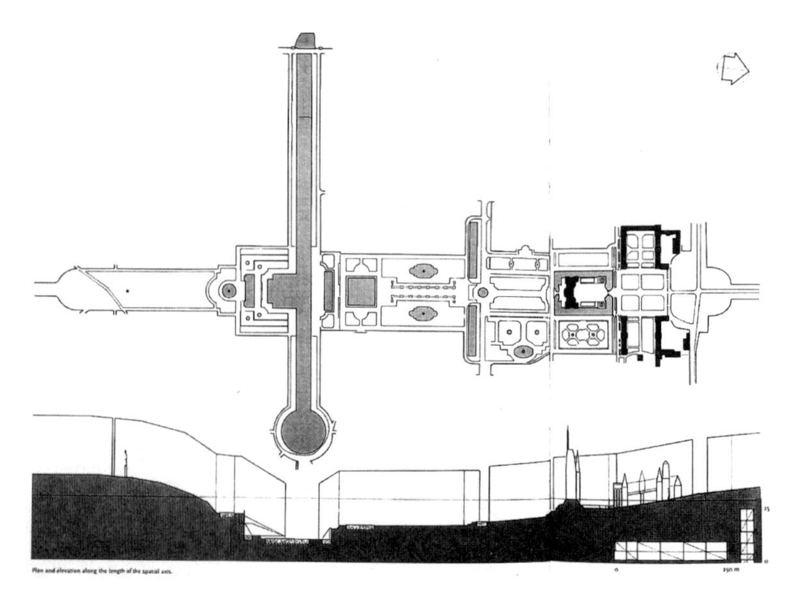

图 6-6 沃-勒-维贡平面与对应的竖向分析
如图所示，以地形区分的三段花园

去，是用于祈祷的小洞府。规则式花园从侧面观赏，构图显得不那么机械了，景色也显得更加自然活泼一些。第二段花园以称为“水镜面”的方形水池为结束，南边的洞府或北边的府邸倒映在水面上，空间上使得南北两侧衔接的更加紧凑，由此南望，250米外的洞府近在眼前，视觉上、心理上都有着良好的过渡与承接。

第二段花园的边界处，就是园中最为壮丽的大运河。运河引水自安格耶河，在花园部分形成了东西长近千米，宽40米的大运河，两岸是开阔的草地和高大的丛林，使运河空间显得更加宽阔。大运河的东西主轴线拉大了花园东西纵深，以运河的形式作为横轴主轴，这种水景理法是勒诺特尔的第一次创作使用，并在后来成为了法国古典主义园林中最重要的要素与标志。大运河将全园一分为二。北半部花园以壮观的“飞瀑”结束，并使得台地花园向大运河巧妙过渡；“飞瀑”是利用挡土墙形成的几台喷泉水盘和壁泉，饰以石墙和浮雕。土墙处理得完整而大气，既与大运河的尺度相协调，又加强了水空间的完整性。

第三段花园在洞府背后的山坡上展开，并在山脚升辟出数层大台阶，中轴上的圆形泉池简洁朴实。随后是宽阔的斜坡草地，伴随着高大的树林，在坡顶上形成半圆形绿荫剧场。正中矗立着大力神赫拉克勒斯雕塑，作为全园结束的末点。在此向北眺望，府邸与花园景色尽收眼底。半圆形的绿荫剧场与府邸的穹顶，遥相呼应。

（2）几何分析

沃–勒–维贡特的建造奠定了法国古典主义造园伟大风格的基本模式。理性主义的设计思维在这里被推向了极致。

综合而言，勒・诺特尔对空间整体的处理是体现在对外在自然空间的无限拓展上。设计中以中心对称的纵轴，以及大运河形式的横轴，互为发展，向空间的四个方位无限延伸，直到视线的地平线尽头。这种视觉的无限延伸有着严格的几何学成像规律，同时还以此发展了一种成像错觉，目的是为了使得轴线的空间感更为深远。

在沃–勒–维贡特庄园中，三个层级的花园的分割是经过严格计算的。事实上花园本身的正确透视要比实际近得多，但是由于场地中把后半部分提高，并按照透视原理对花园的宽度长度计算衔接，给人的透视感可以继续延续，并使得空间向南加深许多。这就是法国设计经常所说的“移动的地平线”的来源。勒・诺特尔对观赏的视角也有着严格的控制，并以此设定中心轴线的不同视点。从入口到府邸台阶，再到花园转换处的点景处理，都有着视线角度的控制。

图 6-7 花园中的三个层次（如虚线所示）

对于园中垂直纵横于中心轴线的大小运河，事实上，站在府邸端头是看不到的，为了加深纵向空间，花园之间必须要有落差，并且要在结尾部分提高地势，在高差处理的衔接上，勒·诺特尔就采用了大运河的水景，运河的宽度是由府邸中心视点的高度与地平线的高度所定。所以说运河的最佳的观赏点是远离府邸的位置上。在沃-勒-维贡特庄园中，从南北望，宽广的运河水镜面使得花园与府邸衬托其上，并由一条完整的水体水平划一，使得府邸、花园、植坛与丛林协调在这一抹水平的"镜面"之上，壮丽无比。

在法国古典主义园林中，空间的整体性是凝练而统一的，它的空间特色是无限宽广，这种意境的延伸是来自空间实体的景象。水体、地形以及植被的处理辩证统一，围绕一个核心，一条中心轴线展开。在沃-勒-维贡特庄园可以看到，整个园林的空间塑造与围和基本上是由自然要素完成的，地形与植被的结合框定了园林的基本格局，水景在其中起到着贯穿联系的作用，并在中轴上依次展开。在景观细节处理中，同样也有着动静、疏密、开合以及明暗的对比。这种对比以一种渐进的过渡方式融合到外围的自然环境中。序列、尺度、规则，这些伟大时代形成的特征，经过勒诺特尔的处理，已经达到不可逾越的高度。

东方中国为代表的古典园林与欧洲法国代表古典园林有着不同空间意义的整体性。其中自然要素都以画面空间的整体为依据进行塑造整合。但中国的古典园林是一种空间意念上的整体，而西方园林是一种空间实体上的整体。中国的古典园林通过视线的起承转合，散点式的要素控制

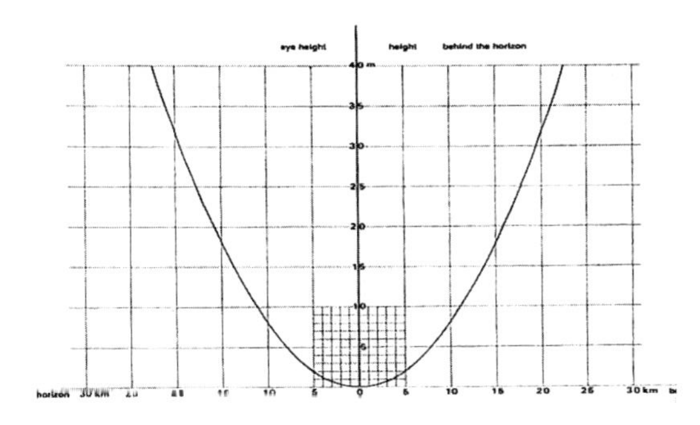

Graph of the relation between eye height, the distance to the horizon and perceptible height behind the horizon.

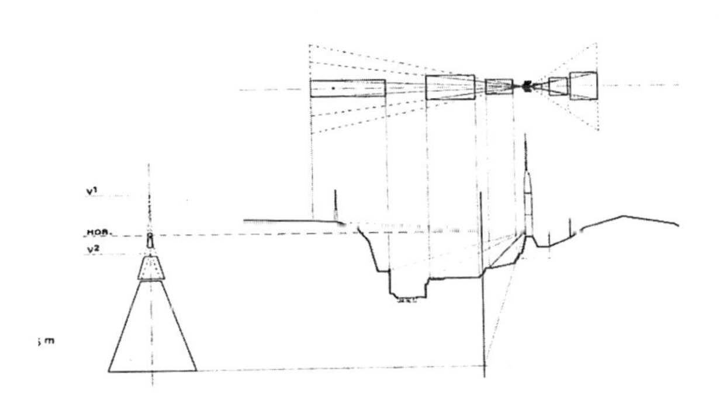

The shifting of the horizon through the various slopes and vanishing points from the terraces.

图 6-8 根据透视原理进行空间错觉设计
在抬高后半部分地势，使得原本视平线抬高，空间更加深远。这种方式在法国现阶段的城市公共园林设计中仍有沿用

组织而成一种主观上的整体意念；而西方园林则有着严格的制式，通过空间的透视性布置造园要素，力求达到一种客观的整体感知。二者综合来看，所有的园林空间处理都有着角度、视点、高差上的设计感知共性，通过园路连接视点有主有次，画面也有着主从相济的不同观赏面，东西方的园林都是在自然空间的营造中创建人与自然的物质关联与情感关联。

6.1.3 事件要素

我们可以看到，一处生机盎然的空间总会有着自身独特的空间形式，这种形式不可复制，不可仿造。这样的空间发展是自下而上的，因此有着很强的生命力与亲和力。亚历山大在《建筑的永恒之道》中认为空间的结构方式与事件类型有着相互的联系："为了明确表示建筑和城市中的这一特质，我们首先必须理解，每个地方的特征是由不断发生在那里的事件模式所赋予的。"亚历山大把空间生机勃勃的特质归纳成为生命与精神的根本准则，并又称其"客观明确，但却无法命名"。这种概念与中国传统哲学中称谓的"道"颇为相近，但不论称谓如何，我们会发现这样

的空间就是设计中所积极向往的空间，它们就是一种整体性的空间。整体性空间的形态是由发生在空间中的事件所决定的。

对于一所城市公共园林的设计也是如此。城市公共园林本身处于城市中，它与大众的文化生活有着密切的联系。尤其在我国，高密集的城市公共空间的性质决定了城市公共园林有着极强的社会学属性。科纳把园林中的这种属性解释成一种“存在，是园林概念中所包含的一种深刻而亲密的模式，这种模式不仅存在建筑和场地之间，也存在于居住的形态、行为活动和空间之间。”这种指向社会认知的、动态的过程取决于岁月中沉淀下来人们的使用习惯和生活习惯，绝不是一个可预知的摹画出来的模式。“这种状态是日常居民生活的不经意间体现出来的，是经过生活习惯和使用，而不仅仅凭视觉感受。人们对场所的生动印象总是更多与可感知的意义关联。”因此，我们说设计一所城市公共园林空间是对“可信赖的公众生活”的一种引导，是园林中的生成性和参与性的日常生活工作的结合。城市公共园林的设计不可能提供农耕生活，或是纯粹的功能主义，而是“通过参与和使用随时间逐渐体验的亲密感的回归，并且以几何的和形式的思考服务于人类经济”的设计。

事件要素对于城市公共园林设计有着承上启下的作用。“承上”，是指场地在设计以前曾经发生的或者正在发生的大众活动的延续，同时这种活动所赋予的特有的丰富活力的空间结构的保留与延续。“启下”就是要求设计中对事件发生后的场地给予新的解读与预判，这需要公园场地与大众的日常生活空间进行最大限度的融入。也是新秩序与旧秩序的整合，新的功能介入其中，势必会对旧有的空间关系发生冲击，设计就是要发现梳理这类冲突。

6.2 城市园林空间的设计复杂性（个性）

系统理论的提出标志着人们认知世界的方式进入了更为高级的阶段。系统科学是研究事物运行的不确定性与不稳定性的科学。系统科学的先驱者贝塔朗菲于20世纪40年代末就已经提出如何研究复杂性的问题，系统的思维方式这是对事物复杂性解读的一种有效的方式之一。系统性思维为后期的系统科学奠定了基础。复杂性是用来表征事物的认识过程的不充分性与动态性，而且必须承认事物在发展过程中复杂的情形存在的客观性，因此也就有了21世纪复杂科学的发展。

城市公共园林的设计也存在着这样的空间复杂性的问题。由于它与城市中其他要素之间的动态发展关系，时间条件下的自然要素空间的形成过程和不同区域文化功能下的影响模式，使得园林的场地空间有着生命过程的动态性与人文环境的唯一性，场地的空间设计越加复杂。这种复杂性不仅体现在空间表达的造园语汇上，也表现在对于特定历史时期、地理条件，人文环境要求下的意念抽象。正如科纳所强调："景观（园林）不能再被认为仅仅是建筑基础外的装饰；相反，它是融入文脉、提升经验、将时间和自然结合进入筑成世界的深层次角色。景观（园林）被逐渐认识到容纳了意义深远的环境以及建筑和城市规划的相关承诺，触引经验、意义和价值的新形态的出现。景观（园林）的营造概念不仅是风景、温室、荒野和世外桃源，更多是普遍的环境，由生态学、经验、诗意和生存空间维度共同形成的复杂局面。"[1]

面对这种复杂性，城市园林空间与其外部城市空间的整合，或者园林内部自然生态环境空间的营造可以直接依附于技术层面进行解决，且行之有效，但是面临文化意念层面就显得越发的抽象与难以把握，对于园林中文化内涵的体现实际上跨越了生态学、美学开始与社会学有所碰撞，这在城市公共园林的设计领域里显得尤为突出。这也是我国现阶段城市公共园林设计从表层走向深入，从形式走向实质，从全球一体化实现民族文化复兴的必经之路，是城市公共园林设计更加接近本质的过程。

6.2.1 文化意念

"文化意念"是科纳在《论当代景观建筑学的复兴》所提出的核心思想。科纳开篇提出："相信景观有能力参与特定社会中运作形而上和政治功能，景观不单单是一种文化的载体，更是一种积极影响现代文化的工具。景观（园林）重塑世界不仅是因为它实体和经验上的特征，更因为它异常清晰的主题，以及它包容、表达意念和影响思想的能力。""而且，由于其在尺度和范围方面的巨大，景观（园林）已经成为了多样性和多元化的代名词，……总而言之，景观（园林）已经延伸为一种综合的、战略性的艺术形态，这种形态可以使不同的竞争力量（如社区选民、政治期望、生态进程、功能需求等）形成新的自由而互动的联合体。"[2]从中可以看出，当今国际园林发展方向：把专注的目光更多地从环境生态保护以及环境修复的机制转向人们生活参与的新城市景观（园林）的建设，并且视为人们健康经济和活跃文化的基础。这种专注是需要风景园林建设的强文化参与，并激发日常生活的热情，通过文化参与更多的提升人们的物质生活与精神生活质量。

---

1 同上，第16页。
2 同上，第1~2页。

园林设计中的文化意念体现的是园林景观设计的高阶程度。纵观古典时期的园林发展，不论东方还是西方，都是建立在物质精神极大富足境况下的。园林中的文化意念有着明显的地域性差异，这也是园林设计的个性所在，也正是这种差异使得园林的文化媒介作用得以体现。城市公共园林设计的文化媒介是一把双刃剑，对于本土文化的发扬与传播是园林设计，特别是大众的城市公共园林设计的重要内涵。园林设计的文化性是设计中更为抽象的体验，它有着庞大的构成体系，是设计复杂性的一个重要表现。文化意念的园林设计是建筑在风景环境体系（生态学）形式构型的审美体系（美学）相对完整之上，一个更高层次上的精神归属要求，这又跟社会学发展有所交集。在1998年，联合国教科文组织（UNESCO）的《文化政策促进发展行动计划》中指出，“发展可以最终以文化概念来定义，文化的繁荣是发展的最高目标……未来世界的竞争将是文化生产力的竞争，文化是21世纪最核心的话题之一。”[1]因此，城市公共园林由于所处的城市系统发生着结构性的剧变，这使得公园本身也会有着空间意义上的扩展，文化性是其中的重要组成，也是城市公园未来存在效力的重要衡量标准。

6.2.2 空间内涵

园林空间的内涵是设计师综合所有的设计要素，最终整合而呈的园林空间感受。人作为园林空间的感知个体，这个主观层次的要素是不可或缺的。因为设计的过程只有与使用者产生互动，它的内容才真正成立。园林设计的空间内涵是通过场地的空间设计，以场地为媒介带给人们的一种情感上的共鸣。园林空间内涵与艺术的情感表达有着异曲同工之妙，都是通过质料的抽象建立一种人与物之间的关联，此类关联在园林中被称之为文化意念。园林的文化意念是一种深层次的空间关联，设计通过造园要素的组织表达出这样的一种感受共鸣是相当复杂的一个过程，但是它却表达出空间属性的本质，从这个角度来看，文化意念也成为园林设计中的逻辑遵循之一。

在实践中，这种文化要素的空间内涵主要通过两种方式加以实现：一种是要从设计的形式出发，利用大众生活中熟悉的文化符号、场景设置或者艺术装饰来唤起人们对场地独特性的认知来传达景观的文化意向，从而建立整体的空间感受。这可以通过场地的平面构图或场地中的构筑物来表达园林空间的文化属性。譬如北京奥林匹克花园中心区下沉花园设计中，以“开放的紫禁城”的设计理念塑造了系列的下沉花园。设计

1　联合国教科文组织. 2001世界文化报告——文化的多样性、冲突与多元共存. 关世杰等译. 北京：北京大学出版社，2002.

中将紫禁城封闭的红色宫墙断开，以错位、联系、贯穿的手法联系了七个下沉的院落花园。设计中以代表中国的“红”为色彩要素提纲挈领，又分别以红墙、灰墙重构了全新的动态空间。以一个叙事性的线索串联了一号院“御道宫门”、二号院“古木花厅”、三号院“礼乐重门”、四号五号院“穿越瀛洲”、六号院“合院谐趣”、七号院“水印长天”。设计中以中国传统建筑、装饰艺术的要素中提出片段，再加以变形与整合，这种传统的要素奠定了基本的空间气氛，现代工艺材料的运用又给人以时代性的空间注释。在形成了一个个独立性空间的主题的同时，又有着事件主体的花园连续性。

另一种体现空间内涵的手法是从空间的内容出发。具体说来是通过空间中的观察者的自身体验来传递园林的文化含义。这也是就是科纳所说的“存在于建筑跟场地之间；居住的形态、行为活动和空间之间一种深刻而亲密的关系模式”。这个空间内容的表达就有着显著的过程参与性。设计中应该多从场地的行为模式与事件模式出发，使得生活中的人对场景有着明确的归属感与文化性质。最为常见的就是雕塑等装置艺术品介入到城市公共园林这一方式。2000年11月，20世纪著名雕刻家、国际公认的艺术大师亨利·摩尔（Henry Moore,1898—1986）的作品分别在北京的北海公园露天展出，摩尔的12件大型室外雕塑作品放置在北海公

图6-9　奥林匹克下沉花园总体鸟瞰
由前及后分为一号至七号院，最后过渡到北面的奥林匹克森林公园中

园以湖区为主的游线上。北海公园作为北京最负盛名的历史园林之一，它已经成为生活在北京的人们生活中一部分，就在这熟悉的生活中。摩尔的雕塑与北海公园的历史气氛相应，有着明显的历史错位的时间感。摩尔的现代主义雕塑一向与自然有着同呼吸的生命气质，雕塑中所呈现的空洞与实体经常作为了自然环境相互融合的方式，使得雕塑与自然相得益彰。日常生活与文化艺术的整合是城市公共园林获取感知升级的重要方式，城市公共园林人们生活的日常，在提供基本场所功能的同时需要通过抽象的艺术手段塑造场所的氛围，引人思考。城市公共园林的重要作用就在于：一方面使得艺术逐渐可以成为以游憩、互动为主要目的的公众行为；另一方面在各样的社会事件与园林对文化性需求的作用下，使得园林与艺术的边界变得更加模糊，它们之间交融实现了园林空间的文脉传承。

6.3 小结：城市园林设计的空间整体性与多元文化性

城市公共园林的内部空间有着两个方面的设计取向：一个是空间构成的整体性，另一个是空间内涵的多元性。而这两类空间性质的综合，便构成了当代城市公共园林设计走向系统化空间发展的必经之路。

6.3.1 设计的基本：整体空间的建立

城市公共园林空间的整体性是通过要素整合实现空间耦合，以内部空间发展的动态性与外界自然和城市空间进行交涉重构。这种整合依赖于园林设计师对场地的总体控制，进而实现场地为人所用的城市自然场所。场所的基本构架仍是由植被、水体、地形（土壤）、构筑物所组成，这是城市公共园林空间的基本构建。

设计中对场地发展进程的解读是设计实践的第一步。其中自然群落的形成与繁衍、城市功能的渗透、城市效能的影响、人类行为活动方式的变革都会成为城市公共园林自身质态形成的动因，而且也是其与城市合为一体的重要推动力。此外，尺度问题也会愈发的影响场地整体性的形成。在设计之初，有效的尺度分级是设计思考的重要逻辑。这不仅关切到空间的设计操作，更重要的是它能够在更为抽象的信息能量交流方面构建场地空间的整体。大型尺度的城市公园从形态上必须要纳入城市的整体结构中，但其中的深层原因是尺度的对应才能有效地与城市物质、信息、能量进行交接，才能有机的与城市构建为一所“绿色综合体”。而在具体的场地设计中，设计者需要关注所有尺度空间单元的转换过程，就在此过程中划分场地空间，经营运作形成整体。高哈汝在对场地空间的设计中提出："要反复地避开、远离、接近场地的各种边界，以使发现不同的运动趋向，并借此使自己脱离空间的局限。只要不断地扩展你的视点、超越束缚你的边界，你就可以衡量出事物的抵抗力，并研究它们的渗透性。"[1]实际上，园林空间的景观要素有着生命的扩张性，因此由自然要素进行空间分割，由它们所构成的空间容易形成衔接。园林空间设计的整体性要点就是要根据场地中要素发展的特征引发其生长的力量，园林所体现出的功能复合性与生命成长的变化性，使得它本身具备改造本来和面向未来的多重属性。城市公共园林设计的一切使命就是进入一个生命的本源进程，并在这个历程中，科学性地加入人文的生活与节奏，并能在两者有效的协作中秩序前行。

回顾历史，中国古典园林的空间是在创造内向型围合空间的整体，追求意境的无限深远，而当代的园林空间是要与外界的空间渗透，追求外向型空间的延伸，而这种延伸不仅仅是空间上的，还包括时间维度的连续。当代城市公共园林设计是在发现一种延续的可能，并使之实现，在实践的过程中要经过系一列的时间磨合过程，使植物得以生长，场所特质的空间内涵得以延续，伴随着周边建筑环境的变迁而不断地与之协调，适应，以其内部空间功能的转换，或者边界空间的包容性来满足园林空间多元化的社会需求。而这种需求是一个介乎于生存与发展的基本需求，也是建立人与自然和谐发展的基本前提。

6.3.2 设计的升华：多元空间的形成

当园林的自然格局成功建立，自然要素日渐发展出成熟的自然群落，公园场地在满足公众生活需求的同时可以有效的平衡自然基底的生命性征，如此城市公共园林的设计才算上是基本完成。它能够满足生存与生活的需要，各项的生命历程得以继续生息，我们说这样的设计只能算上一个无误的设计。它没有违反生命进程的基本指令，但也仅仅跳出了科纳所说的"布景式单纯的美学体验"的空间。当进入文化多元发展的网络时代，人类的需求渐进多维与高级，城市公共园林也不应该拘泥于这种自然植物空间的清新舒适，为人创造近亲自然的场景的一种单纯的美学设计，而是应该与城市的气息脉络紧密相连，以艺术的敏感度来反映生活并创造生活，这样的空间营造才是设计得以升华的根本。城市空间的自然营造中，这种自然的感染力是极其有限的。但是，艺术性景观空

1 ［法］米歇尔·高哈汝．针对园林学院学生谈谈景观设计的九个必要步骤．朱建宁，李国钦译．中国园林，2004（4）：78．

间的感染力却是无限而深远的，同时它会是人们高品质生活的一种文化引导。宗白华先生对艺术创造有着如下的概括：

艺术创造的过程，是拿一件物质的对象，使它理想化，美化。我们生命创造的过程，也仿佛是由一种有机的构造的生命的原动力，贯注到物质中间，使他进成一个有系统的有组织的合理想的生物。我们生命创造的现象与艺术创造的现象，颇有相似的地方。

艺术创造的手续，是悬一个具体的优美的理想，然后把物质的材料照着这个理想创造去。我们的生活，也要悬一个具体的优美的理想，然后把物质材料照着这个理想创造去。

艺术创造的作用，是使他的对象协和，整饬，优美，一致。我们一生的生活，也要能由艺术品那样的协和，整饬，优美，一致。

——《宗白华全集》（第一卷）

艺术是自然中最高级创造，最精神化的创造。就实际讲来，艺术本就是人类——艺术家——精神生命由底向外的发展，贯注到自然的物质中，使他精神化，理想化。

——《美学与艺术略谈》

图 6-10　方塔园内的三个视角

因此高品质的城市公共园林设计应该具备如此的艺术品质。通过设计提供一种新的空间可能，使得艺术的品位得以实现，从而构建出具备精神感召力的理想空间。另外，作为大众的公共空间，它必须有着能够满足当代艺术思潮的多变性与复杂性变化的空间容纳力，这种空间要有着一定的弹性来使之适应。以文化发展为契机的城市公共园林设计，有着超越美学上的文化生命力。这种文化的发展已经成为未来21世纪国际最大的竞争内容。因此，园林的设计含义除了要给以人们自然空间的感受之外，还应该有艺术品位的熔炼。对应到园林设计中实质上就是空间设计的二重性：第一性是正确的空间营造，第二性是赋予空间以时代文化的内容。第一性是空间的具象实践，第二性则是空间意念的抽象实践。而这个实践过程是同步形成的。

冯纪忠先生在20世纪80年代所设计的松江方塔园，被誉为中国的第一个现代主义园林。时过30年，当我们在重新回顾这座园林的时候，对于这种时间流逝带来的空间意蕴更能够深深地触动人心。方塔园原址上古迹很多，有宋代的方塔、明代的照壁、元代的石桥，还有几株古银杏树。因此这个场地本身就有着相当深厚的文化气蕴。冯先生在整体定位上就公园设定成一个露天的博物馆，故而设计的手法必然要与其相呼应。规划布局先从方塔这一组文物作为主题着手，堆山理水无不以突出主题为目标。规划之初，碰到的第一件事是如何布置迁建的天后宫大殿。宋塔、明壁、清殿是三个不同朝代的建筑，设计中采用了“塔殿不同轴”。于方塔周围视线所及，避免添加其他建筑物，取“冗繁削尽留瘦”之意，更不拘泥于传统寺庙格式，而是因地制宜地自由布局，灵活组织空间。在尺度上注意使松散的格局不失之松懈，在格调韵味上试图体现宋文化的典雅、朴素、宁静、明洁，做到少建筑而建筑性强。其中塔院不植一木，强调主题文物的肃穆气氛。方塔园的设计实为历时性与共时性的设计统一，作者带领人们以现代艺术的视角体验空间，并于历史相互碰撞，这种对于中国传统文化的现代性表达，就是实现中国文化意念的核心内容。

园林空间的多元文化性是伴随着时间的推进，人类感知空间的方式随文化的发展变化而变化的，这是设计历时性的要求；对于不同的人群对于在同一时间内对园林空间的感受也会因个体的不同而不同，这是设计共时性的要求。因此，对于同一场地的设计需要综合感受的共时与历时之统一，在诗意建造的同时表达出一种独有的设计态度与思考范式，而这一切需要容纳在固定的形态之中，而多元性体现在固定形态中多维感受的碰撞，以及多元信息的流通。

7 设计逻辑——与城市、自然发展的动态平衡

7.1 城市公共园林设计的外部逻辑：城市系统的动态发展

城市公共园林是城市空间的重要组成，城市公园的设计有着与城市协调发展的能动性。城市自身是一个复杂的动态系统，城市的发展有着显著的不可预测性。人为的规划仅仅是对该进程的一种干预，其后的结果如何难以预测。城市是一个动态的功能实体，这意味着城市的规划与设计将是一个“过程”而不是“终极状态”或者“蓝图式”目标。数字时代的来临使得我们理解城市的视角发生了变革，目标性结果已经无法准确地描述城市发展的空间状态，这导致城市规划不再是纯粹的物质空间的功能组织，它越发地具备了动态系统发展的不确定性，它所呈现的空间关系也日趋复杂。

城市公共园林作为该体系下的一类分支，这使得它无可免除的具备了城市系统的基本性征：复杂性与不确定性。城市公共园林与城市其他外部空间的关联越加紧密，也日趋复杂。城市公共园林必须要与城市主体发展的驱动力进行对接，它除了容纳基本的自然体，更多的需要与人工城市的物质流、信息流、能量流等各类进行衔接。因此城市公共园林变成城市机体不可或缺的一部分，它们高效联结为一体，从而实现城市功能的绿色综合体。

另一层面，城市公共园林是城市系统下的一个空间载体，它自身的空间属性日益同质化于其所在的城市。一方面表现为城市所处的自然基底（山岳、湖泊、滨海、平原……），另一方面城市发展的运行机制。未来城市中的任何一所空间都会日益的去中心化（Decentralization），它们的存在意义是以流动性来体现的，而“被使用”成为其价值体现的重要标志。城市公共园林的建设意义不再是消极地抵抗城市的混沌与复杂，而是有效地拥抱它们，并以自然的构建方式进行自我容纳，形成整体。

城市公共园林的边界越发模糊，场地的物理周界已不再是真正意义上的边界。伴随着人工智能技术的空间发展，任何物理空间的边界都会愈发混沌，通过网络可以有效地连接任何无同物理边界的空间。城市公共空间也是如此，当它的公共性越强，它的边界效力就越弱，这样使得此公共空间的意义就在于它与周边的连接度。而此种连接包含大量的抽象要素（信息、感知、影响、效能……）。这使得城市公共园林的空间设计转变为各类周边可衔接空间连接方式的表达。这一过程中，城市公共园林需要通过城市本身、场地周边不同空间尺度的关系判断自身，建立空间内外的形态衔接，构建该城市体系下的绿色公共空间。

7.2 城市公共园林设计的内部逻辑：自然体系的生命进程

城市公共园林与城市空间的关联一方面反映在城市系统运行下的效率衔接，另一方面则是城市公园本身内在自然体系的有效反馈。这是两重体系作用而成的结果。城市公园本身的自然性征，使得它与城市中的任何一处人工空间有着本质的区别，自然之物的生长、发展、成熟、衰落是为一个自我更新的循环过程，它有着自身发展的必然规律，而且它与更大自然体系有着空间多维度的能量转换。对于城市公共园林的空间尺度不同，它的自然进程的生命效力也会有所差异。

对于城市公共园林设计需要在自然进程系统和城市功能体系之间寻求一种设计的平衡。很多情形之下这是一组矛盾的关系体系。自然进程的良性运行需要相对独立的微干扰空间环境，而城市功能体系却是人与物之间流通下的耦合型空间，并在此流通过程会有大量的信息、能量之间的交换，而且运行效率越来越高。如此对于自然进程系统缓慢的孕育型空间在时空效率上不可同日而语，但两者在空间分布上是交织、咬合在一起的，因此自然进程系统对城市功能系统需要不断地以异化的方式进行联结，形成新的整体，而这一过程多数表现为自然环境的功能退化，土地资源的贫瘠匮乏。对于城市中的园林空间来讲，这就意味着自然体系的恢复与二次生成，在规划或者设计的过程中需要发掘自然进程良性的运行方式，或者营建出新型的自然生育体系，保证自然空间的基本性态。

城市公共园林设计就是对城市中自然环境运行方式的探索过程，而此过程需要分析城市功能空间对其主要作用力，发掘场地内自然过程中的主要推力，最终恢复或者重构该自然过程的物质能量循环，建立场地的自然生态效力，并与其上位体系的城市运行系统进行功能对接，使得在保证场地自然过程的前提下纳入城市功能，与城市系统构建出绿色空间的功能综合体，构建高维空间尺度的自然体系的生态安全。在具体的设计实践过程中，首先要认知场地、理解场地，结合多方的场地信息进行专业的场地特征提炼，而这个提炼过程需要一个尺度推演的过程。也就是说在不同的空间尺度下，场地的存在意义是迥异的。高度尺需要以格局为思考的尺度单元，思考自然本体的运行机制，维系其环境伦理的意义；中尺度需要以体系为尺度单元，思考要以人与社会的需求的第一性，建立绿色的城市复合性功能空间；小尺度则以场所为尺度单元，思考自然环境空间的美学价值，构建艺术性的场所感知。

城市公共园林的设计构建在园林基本要素的空间组织之上，其组织的基础就是认知场地内部自然要素整体的运行机制，它作为空间设计的内部秩序逻辑影响场地空间的最后形成。在此过程中，自然科学、社会科学与人文科学在不同尺度上呈现出其空间形成的制约原理，设计者需要在这样纷杂的环境现象中，提取空间形成的核心作用力，构建新时期人、社会与自然三个力量间的关系平衡。

7.3 城市公共园林三重维度的设计内涵

建立与城市的交融，确立正确的自然观是城市公共园林的设计前提。园林的自然观表达是要反映到造园要素上的，那么对于城市公共园林空间的设计在以何种维度来对城市空间与场地内部空间进行整合，以正确

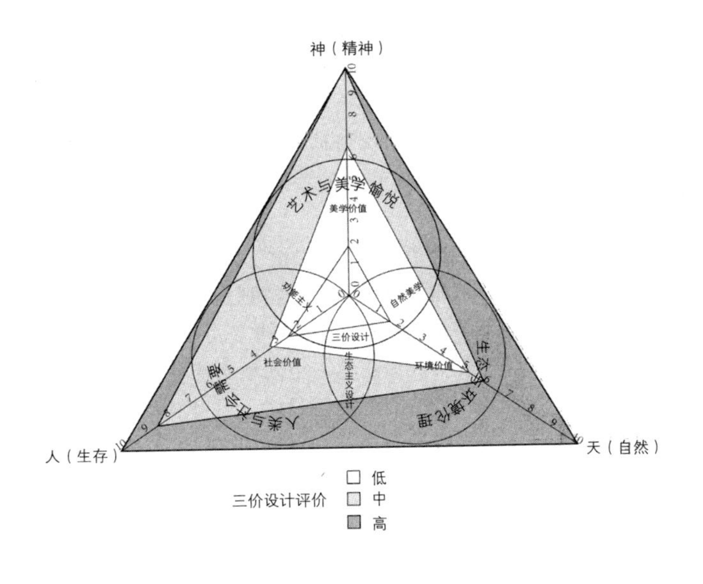

图 7-1 三重价值维度的园林设计平衡评价图

有效的方式参与到城市与自然的进程中，实现人与自然的和谐统一，这是设计过程中重要的平衡要素关系。城市公共园林是一个动态的调整过程，目的就是要达到系统内部之间，内部与外部之间的协调。它的外部表征就是空间的整体性。对于整体性园林空间的建立，是要以三重维度的价值为设计遵循。这三重维度构成的园林设计的评价框架正是来自于三大类型学科的三重角度：自然科学、社会科学与人文科学。当代城市公共园林的设计是一个多学科交融的过程设计，设计中就是要以三重维度的价值标准，实现园林设计与城市、自然发展的动态平衡。

7.3.1 生态学维度——设计遵循自然

目前，生态学正朝着综合化、交叉化的方向发展，当代的生态学研究除了保留研究生物有机体与生存环境间相互关系的核心命题外，更加关注人与环境间相互关系问题，并延展到社会学和经济学的问题层面。生态学的核心要义是理性客观的发掘自然空间运行体系的原理，从而解释人类面临的空前异化的自然环境问题。生态学的研究域面已经深刻反映在人类对环境的不断关注与重视的科学实践中。生态学朝着人与自然普遍的相互作用问题的研究层次发展，必将影响人类认识世界的理论视野与发展方向。其中的景观生态学（Landscape Ecology）就是以景观结构、景观功能以及景观动态为研究基础，从而指导人们正确开发与保护土地资源的方式与方法。景观生态学构建了城市以外更大尺度的土地空间的科学导读，为交叉学科的土地空间规划提供了导则。规划者可以通过空间数据的解析手段，对土地空间进行自然力导向的空间关系的解释，同时探索其系统间的运行原理。

景观生态学下指导的园林设计是对整体景观的各元素进行安排和协调。它是在一定尺度下对景观资源的再分配，通过研究景观格局对生态过程的影响，在景观生态分析、综合及评价的基础上，提出景观资源的优化利用方案。它强调景观的资源价值和生态环境特性，其目的是协调景观内部结构和生态过程及人与自然的关系。

景观生态学的研究成果对园林设计提供了纯粹理性科学的设计依据。在此基础下开展的城市公共园林的设计，特别是对于大尺度的城市公园的设计具备了科学理性的思考前提。土地的空间规划更加的有的放矢，对于场地中自然景观要素的认知超越了空间形态的单层思考，而是对于各要素间的耦合关系进行科学的解析与归纳，对自然基质的本底认识更加的真实可靠，对自然的演进历程了解得更加彻底。景观生态学提出了空间尺度推演的问题，事实上，对于规划空间尺度的不同，设计者、规划者理解空间的视角也必须发生转变。当空间尺度不断延伸，当其延伸到一定的域面，我们的解读就必须加上时间的维度，而在时间维度的作用下，景观生态学提出了研究的分支（图7-2）。也就是说当空间尺度愈趋增加，自然力规律所关注的空间问题会发生转变，设计者或规划者需要对不同尺度的空间问题进行梳理，提炼出最为核心规划要义，从而凝练空间形态，使得形态与问题获得空间尺度上的吻合，景观生态学与风景园林学的观念整合是一次空间观念上的飞跃。

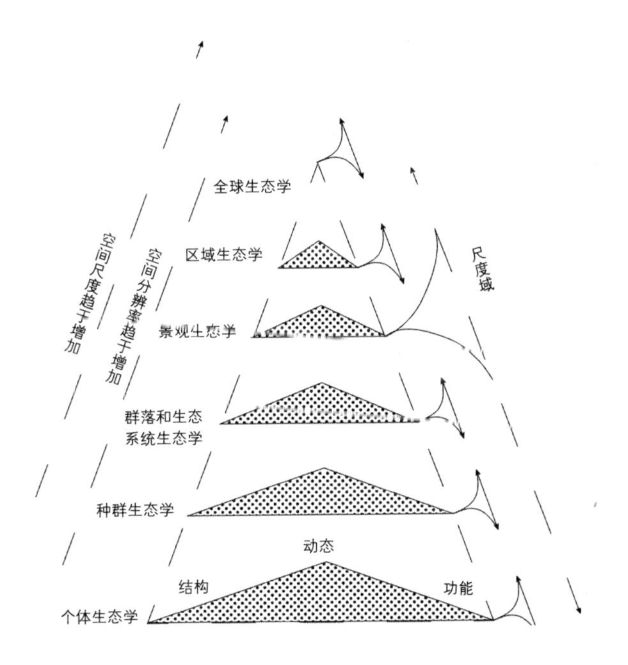

图7-2 景观生态学研究尺度域的研究分类

7.3.2 社会学维度——事件造就空间

亚历山大认为空间的事件模式对空间形式有着很大的决定性。这种事件并非仅仅是人的行为，它还包括自然中阳光照在窗台上、风吹过草地、下雨时盛载雨水的溪床等等，这些自然中的现象可以立为空间的事件要素。但事件的标准模式因人而异、因文化而异，因地理环境而异，它们综合而成构成了空间中不可缺的要素之一。事件与空间总是相互存在的，但这并不意味着空间创造事件或者引起事件。亚历山大举例说明："在现代城市中，人行道的具体空间模式并不'引起'发生在那儿的各种人的行为。作为文化的不同，美国纽约的人行道是行走、拥挤、快行的空间。而在牙买加或印度，则是闲坐、交谈、也许是演奏、甚至是睡觉的地方。[1]"因此说，事件与空间不可分。

1 C. 亚历山大. 建筑永恒之道. 赵冰译. 北京：中国建筑工业出版社，2002：57.

我们反思城市公共园林的设计，在设计中设计师除了建立一所自然的景观空间，还要满足大众的城市生活，理想的话应该成为大众生活空间的一部分。因此城市公共园林的设计有着社会学要求的维度，归纳概括起来分为三个方面：一个是为人们的休憩活动提供平台，并诱发这种活动的良性循环；另一个是事件活动与自然景观设计相互交融过程中，引导人们认知自然，建立正确对待自然的态度，形成正确的自然观，从而约束自我的活动行为与自然的生命活动相融，也可通过设计引导人们的生活活动与自然生命活动相关联。最后一个方面就是由活动事件所带来的地域性文化内涵的表达。还是纽约与牙买加或者印度的实例，同样的空间却表现为截然不同的活动内容，这与活动事件发生的地域不同直接相关。城市公共园林中人们的活动模式在不同地区、不同国家有着不同的方式表现，而这种活动却是植根于当地文化之中的。在美国纽约的城市公共园林会经常见到露天音乐会、读书、滑板、遛狗以及野餐的人们。在中国北京的城市公共园林会常有集体舞蹈或者歌唱、打太极、露天书法或者遛鸟等闲聊的人们。这些差异性本身就有着文化性质的体现，所以说，文化的体现并非要以物质形态的构筑来体现，而是引发一种当地文化的生活。

不同的事件模式会带来不同的空间形态。对于城市公共园林空间形式的塑造一方面以自然景观要素构成基本空间框架，目的是使得场地本身的自然性景观得以延续，它可以是较为原始的，也可是设计整形过的，但是都要按照生态学研究总结出的自然规律行事。另一方面，人的活动的介入成为空间设计的另一维度，在自然中建立人们活动的空间平台。譬如：山间泥泞的小路也许在生态学含义上它有着雨水渗透，水分蒸腾等水平与垂直方向的生态效用，但是这样一条路径设置在城市公共园林就显然不符合大众的城市生活的洁净要求；自然野生湿地景观有着含蓄水源、净化水质、保持生物多样性的生态作用，但是这样的一个人工湿地所滋生的细菌、蚊虫等各色对人体生命有害的生物会给都市的大众生活带来困扰。因此这种纯粹自然野生的状态是无法成为人们生活的一部分的，园林设计师的最大职责就是有效的分辨出场地发展的核心趋势，自然过程主导？社会功能主导？设计中最大限度的尊重自然过程，有效的纳入社会性的生活空间，并引导大众生活使得园林空间日益成为人们生活的日常，使得人们的活动有效的影响场地。当城市公共园林设计愈发的与人们生活接近，场地的自然过程就愈发的受社会关系的影响，场地的系统构建就愈发的复杂。而社会性却是城市公共园林的基本属性之一，设计者需要在纷杂的社会关系与自然关系中寻求一条平衡之道，使得自然活动与社会活动在具体的空间整合中得以协作发展。

城市公共园林的设计是一个伴随城市、自然进程的动态过程，设计中有着与城市、自然相互整合的使命。这种整合体现出了系统自然观所描述的自然的无限发展与相互作用的特征，并通过协同统一获得系统的整体功能最佳化。这种系统性不仅仅是对于自然环境，对于城市以及社会环境同样有着显著的认识论意义。城市公共园林的物质要素空间的建立必然要与周边的社会环境与大区域的自然环境相互协调，这种协调表现出的设计性征就是动态空间的平衡并与周围空间的渗透。

7.3.3 美学维度——形式表达情感

美学维度的园林设计一直是古典园林中的全部追随。园林本身就如同绘画、诗歌、雕塑、音乐一样是一门情感表达的艺术。园林设计是一个利用自然要素进行艺术创作的过程。美学的意义对园林设计而言是相对高级的存在，它是设计者情绪的表达，是自然认知边界的呈现，甚至是历时中文化思潮的界定……它在各类的历史时期不同级别的园林创作展现出不同的功能属性。

回至今日，当代的城市公共园林设计不可脱离大众的生活内涵及其审美格调，这是社会学属性，另一方面设计中无法规避的自然环境存续状况，这是自然科学属性要求，但是在此之外，城市公共园林的美学表达仍旧具备更高层级的意识形态的需求。设计者需要通过自然空间设计传达出具备一定共性基础的自然认知以及社会认知，或许是日常、或许是特定。这是设计者创作过程中最为艰辛的环节，但也是设计从低阶走向高阶的必然。城市公共园林的设计与一般建筑相比，更多地具备精神特性，它以物质的形式包含了精神的功能，具有审美价值和畅神作用。人们不仅仅希望园林满足自己物质上的需要，而且希望它能给予自己纯粹心理上的安慰[1]。

今天，我们面对这城市中的大众生活的时候，园林空间的公众性使得很多的公园设计丧失了空间的场所性。设计中满足活动的功能要求并不是意味着取悦大众，城市公共园林的效用之一就是以自然为原型的再设计，生产出用以陶冶并感染人们生活的自然空间。它带给人们以自然艺术空间的体验，并以空间形式的不同表达出这种艺术的感召力，并以此影响到人们对自然美的认知以及自然美的价值观。

园林的空间形式是园林艺术的表达方式，而这种空间形式与中国古典园林的空间形式大有不同。古典园林中所强调的可居、可赏、可游是建筑性质的空间，在咫尺间寻求无穷的空间意境。城市公共园林的空间

---

1 孟刚．现代城市公园——对人性的挽救．新建筑．1995（3）.

性质已经于此有着本质的差异，空间规模以及造园要素中自然与构筑物的比例远与过去大不相同，这也是为何中国古典园林艺术的发展在当今受挫的原因。但是我们对园林艺术美学中的空间构成的分析方法与结论可借用于此。宗白华先生曾对中国古典园林的空间的渗透性、序列性以及整体性有着很高的评价："（园林中）为自由空间中隔出若干小空间而又联络若干小空间而成一大空间之艺术。空间与触觉之联想非常密切；其外园林建筑中亦能引起感情，如巍峨之空间，能引起人高蹈之情感；低塞之空间，引起踢踏之情感。由此可知，不同的空间能引起各种异样的情绪。中国园林的空间不只是几何的空间，充满了生命的节奏和韵律，是音乐化空间，这也是中国艺术空间意识的特点。[1]"中国古典园林的情感由空间表达，而这种空间意境之不同是通过形式加以区分。同时又通过一种非形式的方式把它们碎片式的内容组织起来形成完整的感官体验。回顾中国古典园林，形式构建空间品质的同时又在构建中消解掉了其形式本身，这是一种极为高级的建造境界。

最后，引用宗白华先生在《艺术形式美》中对形式的概说："艺术形式表现生命的内核，表现生命内部最深的动，表现至动而有条理的生命情调。它像一副神秘的面纱，给艺术带来无穷的魅力。"所以，最终园林的美学表达还是要遵循自然的生命力量，用以形式来塑造空间，并以此来感染使用中的人们。

1　宗白华. 宗白华全集（第二卷）. 合肥：安徽教育出版社，1994.

8 结语

8.1 总结

从自然哲学，到系统自然观，再到风景园林学，最后落在城市公共园林的设计，这是一个思维上大的跨越。本书之所以从自然哲学的自然属性谈起，一方面是期望能够跨越寻常的自然科学、社会科学、人文科学的单学科范畴，同时，也是为了分析当代风景园林专业的学科复合性。从不同的科学领域角度会有不同的视点，作用到风景园林这一学科，就会显现出更加多元的状态。复杂性是当代各类学科的共性，世界分化到今天，协作性日益显现，因此任何一类学科都无法借用原来的经典的学科视角进行事件或者现象的解读，甚至论证方法也出现了激变。对于风景园林学科而言，它的复杂性更为突出，由于对应的研究空间尺度跨度巨大，场地类型纷杂，使得对于不同空间尺度下、不同场地类型的风景园林规划、设计它所呈现出的核心问题日趋复合，甚至是涉猎了三大基础学科的内容。对于此，风景园林学科的内涵与外延也不断扩展、深化。

吴国盛先生所说：“一个学科如果没有哲学理论的支撑，就很难走向深刻。”当代的风景园林的设计内涵端本正源就是用艺术与科学的手法处理人与自然的关系，用以达到人类文明与自然文明的共同发展。因此说它不仅仅是科学领域的范畴，或是社会科学的范畴，更不是人文科学的内容，园林有着多学科相容的复合性。中国工程院院士，我国风景园林学科的教育大家孟兆祯先生一直在强调的风景园林的生命性，他说道：“风景园林学是用有生命的材料和与植物群落、自然生态系统有关的材料进行的艺术和科学的综合学科。”对于自然的理解，特别是生命性规律的掌握对于本专业而言是至关重要的。而这种理解应该不仅仅局限于对植物种类以及植物群落的单方面学习，应该跳出部分自然学科的框架，在更大的思维领域去探索，是要对自然客观存在的本源去探索，从时间发展的历时性角度，以及横向的共时性角度去分析自然。对此本文辟出一条文路借用当代系统自然观作为对自然哲学的阐述平台，力求建立自然哲学与风景园林关系的学科内涵，从而对该学科进行设计方法论的阐述。

自然哲学是对自然本体论与认识论的阐释，是对自然的存在方式以及生命运行方式的原理性解释。自然哲学在剖析自然存在与发展的基础上确立了环境伦理的哲学论题，确立人与自然和谐共生的自然科学性原理——普里戈金方程的系统熵值变化。这也就是麦克哈格所强调的生态中心论中植物的地位比人类更重要的科学依据，因为植物可以产生负熵，来抵消非自然物质的正熵，进而达到系统内部的自组织平衡，所以说植物有着相当重要的生存意义以及生存的权利。

文中建立的系统自然观归纳总结了自然的层次结构性、自然的无限发展性、自然的相互作用性、人和自然的协同统一性四点特性，这是对园林设计中观层次思考的总结。设计中应该具备跳出设计规划场地本身，在更广阔的自然系统范畴内进行设计的探索，发掘场地以外的景观类型及其衍生机制的探索，建立以场地为核心的区域性的整体设计观。这种整体性设计，是一种跳出规划场地本身，跳出人力传统思维的部分。这也是职业风景园林设计师所应具备的能力，这样，一方面获得了园林生命设计过程中学科意义的延续，另一方面使得方案的优化度更高，使得方案本身更加具备设计的逻辑。

自然观的含义发展到今天开始有了方法论的内容。工业革命以前，人对自然的改造缓步前行，人们建立的自然观是人类对待自然态度的阶段性发展，在园林设计中更多情况是一种美学表达。今天的系统自然观则是建立在自然哲学的基础之上，以自然科学发展进化的理性作为支撑。自然哲学中所涵盖的自然如何出现，如何显现，甚至更直接的问如何关切自然？在今天自然哲学所讨论的范畴中，“自然”指的不仅是一个集合而且是一种原则，是叙述自然界中的事物为何像它所表现的那样行为的原则[1]。这是给我们自然其所以然的解释，并给予了我们认知自然的途径。系统自然观树立了我们认知自然的态度以及认知自然的方式。

风景园林学科就是要把这样的认知途径展现在空间与时间当中，以自然形态的方式表达出来，与进入它的人们发生共鸣，建立一种现象学中所倡导的主体际性。城市公共园林在风景园林学科是最为典型的一类，是最具学科内涵的一类，它与自然和城市结合紧密，呈现出设计中自然与人工的二元性。

从空间实践出发，城市公共园林的场地设计分为两个空间层次：一个是与城市交接的总体，一个是由场地内部要素组织交错的整体；这两个层次接踵而至无法完整区分，体现在设计中就是需要两个空间层次的不断切换，形成一个无边界的缝合空间。这是一个系统自然观要求下的整体性设计。必须强调的是，系统自然观下的整体性还是一个动态的过

1　陈其荣．自然哲学．上海：复旦大学出版社，2007：11．

程，系统具有与外界物质、信息、能量不断交换的过程性，从这个角度分析，系统自然观与园林设计中自然要素的生命性相吻合，但它不仅在关注自然要素本身的生长性，同时也在关注更高层次的城市系统中各要素之间的作用与平衡，系统自然观除了关注物质，还包括信息、能量，在设计中体现的出社会学的内容要求。因此，城市公共园林的设计是一个复杂的多学科融合的持续过程。

对于城市公共园林的内部空间设计，我们还有着系统自然观所强调的另外一层设计维度的要求——美学维度。这是一个精神层次的设计过程，它也呈现出一种动态性，当然也符合系统的生成原理，但是我们设计中所呈现的是过程中的一个个“片段”，“片段”的持续便是这个精神感染的动态过程。在设计可操作的空间层面，它反映出两种维度：空间与空间的连接——同时性，空间的时间推移——历时性。在中笔者概括为形式与事件两种方式，而这两种方式是可以相互转化的。在空间技术性的操作之外的美学，这是一个设计师纯粹的创造过程，而对这个抽象的概念我们最终还要回到“生命性”上来。宗白华对艺术创造做过深入地分析，他认为艺术创造就是艺术家生命的表达，艺术创造的过程也就是艺术生命化、生命艺术化的过程，艺术的本质是生命的表现，宗白华说：“一切艺术创造问题，即在如何将无形式的材料造为有形式的，能表现其心中意境的另一实际。[1]”从中可以看出，艺术创造的中心问题是意境的创构。艺术创造离不开形式和表现，而创作的源泉还应该是对事物生命本质的关注。

这就是自然哲学所呈现出来的内容。

8.2 总结以外

本书为笔者博士论文的转著而成，文中谈及的方面很宽，实为作者在专业学习十年的心得（2009），也许由于学校较为理想的学习空间，影响至此观点难免显得稚嫩。当年论文写半，就开始觉得这完全不是一个博士论文的题目。论文中主要参考上海复旦大学陈其荣教授《自然哲学》一书，陈教授对自然哲学的论述奠定了论文开篇的研究基础；同时也参考了宾夕法尼亚大学詹姆士·科纳教授所编著的论文合集《论当代景观学的复兴》（*Recovering Landscape: Essays in Contemporary Landscape Theory*），文中针对的是当代风景园林学复兴的思考，其中主要谈论的是一种文化的复兴，当然其中的绝大部分都是来自欧美国家的现实问题，

1 宗白华. 宗白华全集（第一卷）. 合肥：安徽教育出版社，1994：547.

但不失为对我国建设的一个参考。《论当代景观学的复兴》一书对自然进程的参与性以及文化复兴的综合观点给予作者很大的启发。论文中所谈论的系统自然观就是在生命系统进程的现实规律基础上给予的哲学概括，然后映射到我国风景园林建设的反思。论文内容的形成也有在导师工作室实践的感受，导师所强调的这种整体性的设计在我国当今风景园林领域，特别是城市公共园林中体现的太少。设计中，要把这样的一所自然空间作为一个空间连接物，连接城市之中的其他要素，连接城市与乡村，城市与天然自然，它需要在完成自我空间体系构建的同时，综合外界其他满足更大环境的运行速度。城市公共园林设计核心不论从自然哲学的自然进程的良性运行角度，还是场所的文化复兴，都无法完全概况其中心要义。事实上，在全球化的今天，城市的运行效能决定了场地之间的衔接方式，而以自然要素为主体的城市公园如何以自然的生命进程与城市高速效能进行有效的叠合才是未来城市公园设计的核心，它们是以一种矛盾关系存在于场地设计之中的。

篇末，作为写作者仍旧能够感受到本书所论述内容与实质深度的差距。在这个庞大的体系中，需要很多专业学科的共同研究，在此仅提出了一个理想的园林空间的设计模式，而这些是需要长时间的专业思考与持久的设计实践加以论证与丰富的，本文仅提及了一些片段性的思考。对于城市公共园林与城市的整合需要一个规划政策上的支撑，纳入风景园林设计的学科内涵，使得风景园林的学科有着更多决策上的自主权，这也是需要一定的时间才能实现的。城市是公共园林的内部空间的精神内涵体现，一方面需要设计师主观能动的艺术创造力，同时也需要大众的理解力与接纳能力，这又是一个时间过程的问题。对于我国的风景园林的学科发展，在技术上，我们可以很快的接受西方的先进内容学以致用，但是这种形式背后的表征意义，这种对本土性文化内涵以及生活内涵的展现，是无法直接纳入为我所用的。这种文化的沉淀需要时间的累积，自我发现，缓慢呈现。

图片来源

图1-1　现代科学体系宝塔型多层次网络结构图

图片来源：笔者自绘

图1-2　Gustave Dore绘制版画：伦敦贫民窟1870

图片来源：http://joshgardiner．wordpress．com/

图2-1　人类文明进化曲线

图片来源：陈其荣．自然哲学．上海：上海复旦大学出版社，2005：198．

图2-2　马斯洛的人类需求层次论

图片来源：笔者自绘

图3-1　根据对遗址的勘测，绘制的哈德良庄园平面图

图片来源：Norman T．Newton．Design on the Land: The Development of Landscape Architecture．Belknap Press，1971．29．

图3-2　建章宫鸟瞰示意图

图片来源：汪菊渊．中国古代园林史·上卷．北京：中国建筑工业出版社，2006：58．

图3-3　法国古典主义园林的开端：沃-勒-维贡特

图片来源：Pierre Salinger (Author), Robert Cameron (Photographer)．Above Paris．Publisher: Cameron & Company．1984

图3-4　查兹沃斯园

图片来源：郦芷若，朱建宁．西方园林．郑州：河南科学技术出版社，2001．

图3-5　意大利文艺复兴后期阿尔多布兰迪尼庄园平面

图片来源：郦芷若，朱建宁．西方园林．郑州：河南科学技术出版社，2001．

图3-6　法国凡尔赛宫鸟瞰

图片来源：Pierre Salinger (Author), Robert Cameron (Photographer). *Above Paris*. Publisher: Cameron & Company. 1984

图3-7 （宋）郭熙《早春图》

图片来源：汪菊渊．中国古代园林史·上卷．北京：中国建筑工业出版社，2006：145.

图3-8 19世纪英国城市扩张的曼彻斯特景观（威廉·怀尔德，1851）

图片来源：http://www. answers. com/topic/manchester

图3-9 法国巴黎19世纪城市改造后的紧邻塞纳河沃利沃大街

图片来源：http://paris1900. lartnouveau. com/index. htm

图4-1 19世纪英国建造的第一个城市公共园林——利物浦伯肯海德公园

图片来源：Isotta Cortesi, *Parcs Publics Paysages 1985—2000*, Aucun commentaire client existent, Octobre 2000.

图4-2 英国曼彻斯特的皇后公园

图片来源：Isotta Cortesi, *Parcs Publics Paysages 1985—2000*, Aucun commentaire client existent, Octobre 2000.

图4-3 密斯的乡间别墅平面示意图

图片来源：刘先觉．密斯·凡·德·罗．北京：中国建筑工业出版社，2004.

图4-4 米勒庄园树墙与开阔的草坪

图片来源：Dan Kiley (Author), Jane Amidon (Author), The Complete Works of America's Master Landscape Architect, A Bulfinch Press Book, Little Brown and Company.

图4-5 1980年施瓦茨发表在*LANDSCAPE ARCHITECUTRE*的面包圈花园方案

图片来源：Tim Richardson, The Vangurd Landscape and Gardens of Marha Schwartz, Publisher: Thames & Hudson (May 2004).

图4-6 拉维莱特的folies平面布置及其拆解分析

图片来源：http://www. archidose. org/

图4-7 里尔亨利·马蒂斯公园设计平面

图片来源：希尔万·傅立波在中法园林文化论坛上的报告，2005年10月10日

图4-8 自然美与生态美之关系包容图

图片来源：秦嘉远．景观与生态美学——探索符合生态美之景观综合概念．东南大学博士论文，第120页。

图5-1 不同发展观下的城市发展与自然演进关系示意图
图片来源：杨冬辉．城市空间扩展与土地自然演进：城市发展的自然演进规划研究．南京：东南大学出版社，2006．

图5-2 土地自然演进外在过程与内在过程结构图
图片来源：杨冬辉．城市空间扩展与土地自然演进：城市发展的自然演进规划研究．南京：东南大学出版社，2006．

图5-3 环境约束体系的建立
图片来源：杨冬辉．城市空间扩展与土地自然演进：城市发展的自然演进规划研究．南京：东南大学出版社，2006．

图5-4 贝尔西公园与场地的原有道路体系
图片来源：Isotta Cortesi, *Parcs Publics Paysages 1985-2000*, Aucun commentaire client existent, Octobre 2000．

图6-1 肖蒙山丘公园有着佩斯利涡纹图样的平面
图片来源：Isotta Cortesi, Parcs Publics Paysages 1985-2000, Aucun commentaire client existent, Octobre 2000．

图6-2 拙政园平面
图片来源：苏州园林设计院．苏州园林．北京：中国建筑工业出版社，1998．

图6-3 拙政园中园各点间的视线关系图
图片来源：笔者自绘，参考：孟凡玉．江南私家园林整体性空间模式研究．北京林业大学硕士论文，2007．

图6-4 拙政园水系关系分析图
图片来源：作者自绘，参考：孟凡玉．江南私家园林整体性空间模式研究．北京林业大学硕士论文，2007．

图6-5 沃-勒-维贡特整体空间布局
图片来源：Clemens Steenbergen /Wouter Reh《*Architecture and Landscape: The Design Experiment of the Great European Gardens and Landscapes*》Birkhäuser Basel;Revised and expanded Edition; 2003

图6-6 沃-勒-维贡平面与对应的竖向分析
图片来源：Clemens Steenbergen /Wouter Reh《*Architecture and Landscape: The Design Experiment of the Great European Gardens and Landscapes*》Birkhäuser Basel;Revised and expanded Edition，2003．

图6-7　花园中的三个层次

图片来源：Clemens Steenbergen /Wouter Reh《*Architecture and Landscape: The Design Experiment of the Great European Gardens and Landscapes*》Birkhäuser Basel;Revised and expanded Edition，2003.

图6-8　根据透视原理进行空间错觉设计

图片来源：Clemens Steenbergen /Wouter Reh《*Architecture and Landscape: The Design Experiment of the Great European Gardens and Landscapes*》Birkhäuser Basel; Revised and expanded Edition，2003.

图6-9　奥林匹克下沉花园总体鸟瞰

图片来源：《北京市建筑设计研究院2008奥运建筑设计作品集》编委会．北京市建筑设计研究院2008奥运建筑设计作品集．天津：天津大学出版社，2008.

图6-10　方塔园内的三个视角

图片来源："冯纪忠和方塔园"展览暨学术研讨会．建筑学报．2008（3）.

图7-1、三重价值维度的园林设计平衡评价图

图片来源：唐军．追问百年——西方景观建筑学的价值批判．南京：东南大学出版社，2004：193.

图7-2　景观生态学研究尺度域的研究分类

图片来源：邬建国．景观生态学——概念与理论．生态学杂志，2000, 19（1）: 42-52.